青岛出版集团 | 青岛出版社

图书在版编目（CIP）数据

馋嘴地球 / (意) 亚历山德拉 · 马斯特兰杰洛著；
史崇伟译. -- 青岛：青岛出版社, 2022.4
ISBN 978-7-5552-8598-4

Ⅰ.①馋… Ⅱ.①亚… ②史… Ⅲ.①饮食 – 文化 –
世界 – 儿童读物 Ⅳ.①TS971.201-49

中国版本图书馆CIP数据核字(2022)第007044号

CHANZUI DIQIU

书　名	馋嘴地球
著　者	［意］亚历山德拉·马斯特兰杰洛（Alessandra Mastrangelo）
译　者	史崇伟
绘　者	［意］阿莱格拉·阿利亚尔迪（Allegra Agliardi）
出版发行	青岛出版社
社　址	青岛市崂山区海尔路182号（266061）
本社网址	http://www.qdpub.com
邮购电话	0532-68068091
策划编辑	周鸿媛
责任编辑	贾华杰　逄　丹
特约编辑	刘　倩　王　燕
装帧设计	1204设计工作室（北京）文俊
照　排	青岛乐喜力科技发展有限公司
印　刷	青岛嘉宝印刷包装有限公司
出版日期	2022年4月第1版　2022年4月第1次印刷
开　本	8开（787mm × 1092mm）
印　张	15
字　数	270千
图　数	807幅
书　号	ISBN 978-7-5552-8598-4
定　价	98.00元

编校印装质量、盗版监督服务电话　4006532017　0532-68068050
建议陈列类别：少儿读物　绘本

目录

欧洲

美洲

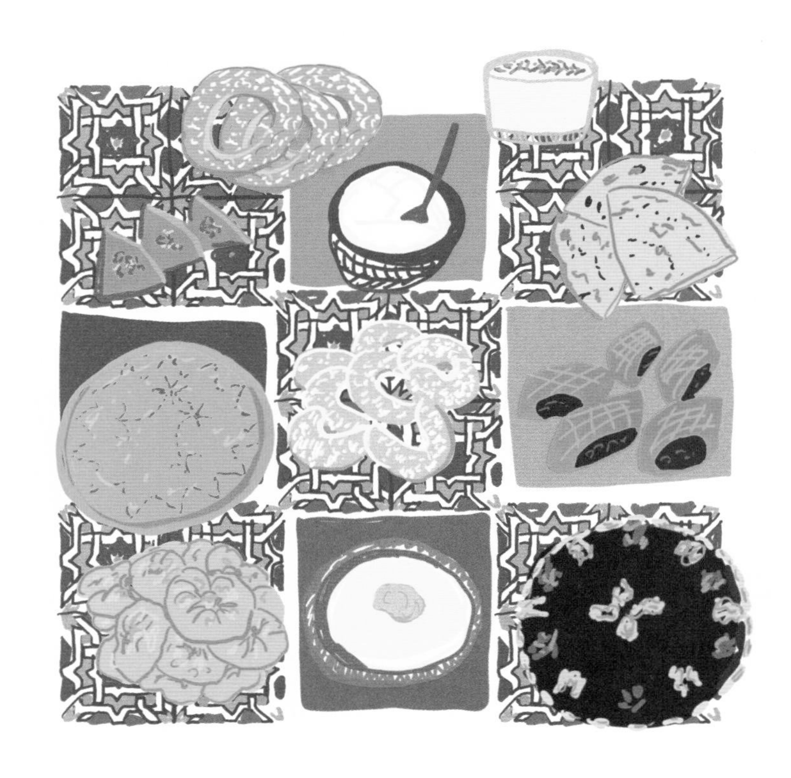

非洲

亚洲和大洋洲

说明

除特别注明的以外，书中所有外文词汇都为相应国家的文字，或使用拉丁字母标注的该国语言。

欧洲

西班牙

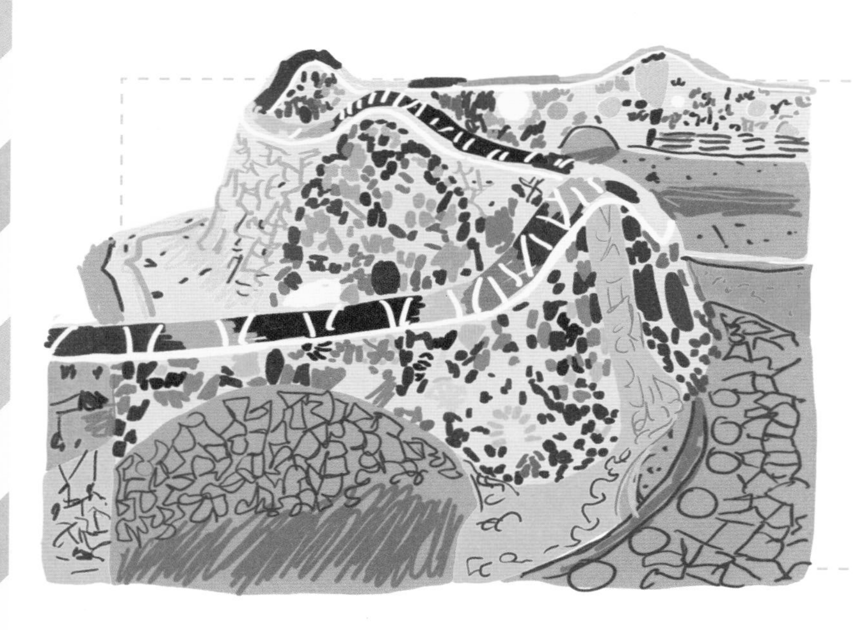

西班牙有美不胜收的景观——高山、沙漠、岛屿和环绕着西班牙大部分边境的大海，还有多种多样的气候类型。在西班牙的不同地区，人们的文化、传统和美食都截然不同。北方气候较为凉爽湿润，人们可以充分享用野味、炖肉和鳟鱼；沿海一带的人们不仅有贝类海鲜可以大快朵颐，还可以钓到金枪鱼和章鱼。同样是沿海地区，靠近巴塞罗那的地区的地中海风味美食口感更为清淡，例如蔬菜沙拉和烤鱼。而在西班牙中部，冷汤、热汤、烤肉、炖蔬菜则随处可见。

早餐吃什么？

即使是在工作日，西班牙人的一天也开始得很晚。他们的早餐包括拿铁咖啡以及面包或玛德琳蛋糕（magdalena）。在节日期间，令人食欲大振的吉事果（churro，一种西班牙油条，外酥里嫩，并覆有糖和热巧克力）则是不可或缺的。

午餐、晚餐吃什么？

西班牙人吃午餐需要一些时间，还要和朋友一起。每天，人们很晚（14 时至 16 时）才能坐到桌旁吃午餐，而晚餐一般在 21 时至 23 时。为了不至于太过饥饿，他们可以在两餐之间吃一个西班牙三明治（bocadillo）或者马铃薯蛋饼（tortilla）。西班牙人每餐均以一种水果或一种口味清淡的甜点（如某种布丁或冰激凌）结束。

很多西班牙人喜欢在庄园内度过周末。那时，他们会邀请朋友坐在长桌旁共进午餐：先是尽情享用从家中带来的开胃菜，然后是烧烤。

常备食材有哪些？

大米和马铃薯是西班牙美食的主要原料，另外还有橘子、杏仁、蜂蜜、葡萄、橄榄、大蒜、藏红花、凤尾鱼、油、番茄、辣椒和奶酪（如曼彻格奶酪）等。

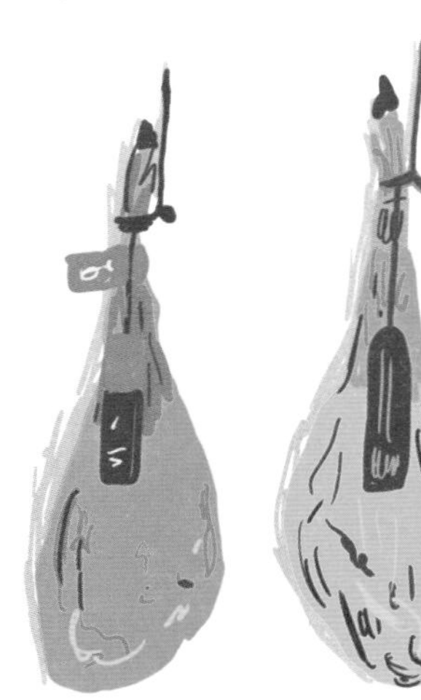

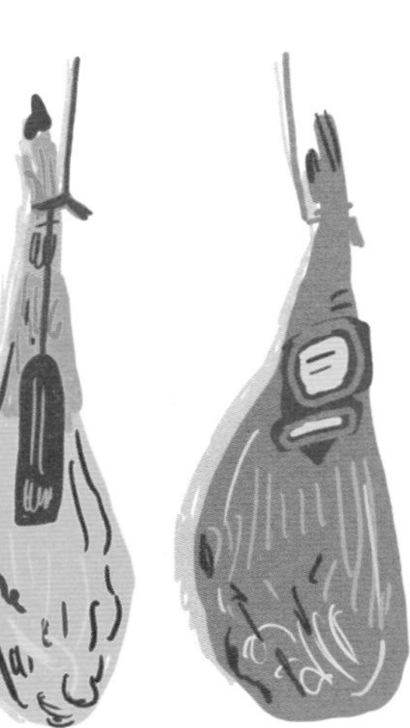

极富特色的地域美食

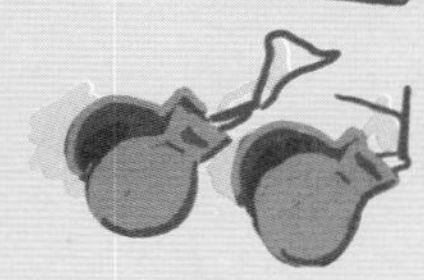

海鲜饭（paella）

海鲜饭是源于巴伦西亚的民族特色美食，现在已经衍生出无数种类。它用带有两个把手的平底锅烹饪，以炒米饭搭配蔬菜、鱼、肉做成，连锅一起上桌。

醋腌凤尾鱼（boquerones en vinagre）

顾名思义，就是用醋腌制的凤尾鱼。

鹰嘴豆炖肉（cocido）

将肉类、鹰嘴豆、蔬菜和香肠一起炖制而成。

“哔哔”鳕鱼（bacalao al pil-pil）

鳕鱼配蒜酱，美味无比。

阿斯图里亚斯炖菜（fabada Asturiana）

使用豆子和香肠制作的阿斯图里亚斯菜肴。

马德里炖牛肚（callos a la madrileña）

原料有牛肚、豆类、蔬菜等。

加泰罗尼亚焦糖奶冻（crema catalana）

顶部附有一层烤得很脆的焦糖皮的蛋奶布丁。

西班牙冷汤（gazpacho）

以辣椒、番茄、黄瓜和洋葱制成的冷汤。

穷人的马铃薯（patatas a lo pobre）

使用马铃薯和辣椒烹饪而成。

千味鱼汤（suquet de peix de roca）

一种炖鱼，曾经是渔民用无法售出的海鲜烹饪而成的。

烤蜗牛（cargols a la llauna）

用平底锅烹饪的肥美蜗牛。

马铃薯蛋饼（tortilla）

可以搭配洋葱、腌肉等蔬菜或肉类食用。

加利西亚芸豆火腿浓汤（pote gallego）

用芸豆和猪肉制成的浓汤。

番茄甜椒炖菜（pisto manchego）

一种炖菜，放上一个煎蛋后上桌。

加利西亚风味章鱼（pulpo a la gallega）

来自加利西亚的一种名菜，使用章鱼、马铃薯和甜辣椒粉烹制而成。

欧治塔冰饮（horchata de chufa）

使用水、糖以及油莎草块茎制成的一种甜美夏日冰饮。

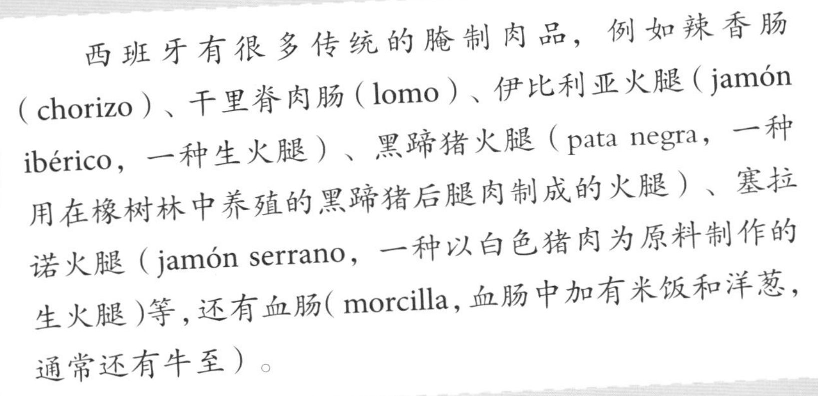

西班牙有很多传统的腌制肉品，例如辣香肠（chorizo）、干里脊肉肠（lomo）、伊比利亚火腿（jamón ibérico，一种生火腿）、黑蹄猪火腿（pata negra，一种用在橡树林中养殖的黑蹄猪后腿肉制成的火腿）、塞拉诺火腿（jamón serrano，一种以白色猪肉为原料制作的生火腿）等，还有血肠（morcilla，血肠中加有米饭和洋葱，通常还有牛至）。

美食趣多多

在西班牙的酒吧，人们可以和朋友分享美食，边聊天边享受各种小吃（地道的迷你菜肴）。西班牙语的“小吃”（tapa）这个词起源于人们以前使用一片面包盖住（tapar）开胃酒的酒杯，防止昆虫进入的习惯。后来，人们认为可以在面包上放少量食物，一口吃下——这就是小吃！

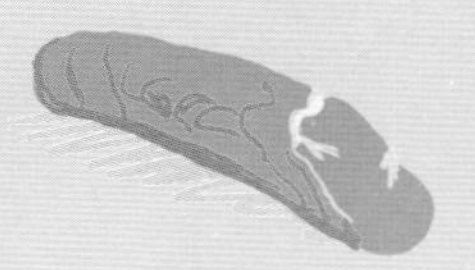

葡萄牙

葡萄牙是一个海岸线很长的国家。除了有极为丰富的鱼类资源外，这个国家还充分享受着海上贸易带来的便利。那些由这里离开又返回这里的旅行者和探险家带来了各种食材：香料、马铃薯（最先在美洲被发现）、番茄、南瓜、菜豆、辣椒、火鸡……在今天的葡萄牙美食中，肉（尤其是猪肉）、鱼、面包、油、葡萄酒都是主角。

早餐吃什么？

葡萄牙人的早餐包括面包、黄油、奶酪、火腿和果酱。人们还经常喝牛奶、咖啡、茶或者巧克力。

午餐、晚餐吃什么？

在小酒馆或酒吧，人们可以和朋友一起享用开胃酒，再来几碟煎炸小食。虽然几乎所有的菜肴都配有马铃薯或米饭，但葡萄牙人的餐桌上永远不会缺少面包。汤是一顿饭的重要组成部分，有时这些汤举足轻重，甚至可以成为一道独立的菜肴：有类似于蔬菜泥的汤，也有清淡的肉汤。绿菜汤（caldo verde）是由卷心菜、马铃薯和香肠制成的混合浓汤，配上玉米面包一起食用。而面包汤（açorda）指的是以切片面包为主，再加入大蒜、香菜、油、醋、鸡蛋等制成的汤。这种汤版本很多，甚至还可以加入海鲜。葡式海鲜汤（caldeirada）是用鱼和蔬菜熬成的汤。

葡萄牙有一种以海鲜、肉类和蔬菜为主要原料的菜肴，其烹饪工具很特殊，是一种类似于烤箱的铜锅——卡塔普拉纳锅（cataplana）。这个铜锅由两个贝壳形部件组成，将食材密封在里面用文火慢慢炖煮。这道菜与锅同名。

极富特色的地域美食

“法国小女孩”三明治（francesinha）

三明治里面夹的是牛排和腌肉，外面覆盖着奶酪，烤好后搭配番茄酱、啤酒、辣椒，甚至煎鸡蛋和薯条一起食用！

兰乔炖肉汤（rancho）

用肉、蔬菜和鹰嘴豆等制作的浓汤。

烤沙丁鱼（sardinha assada）

这道菜是将新鲜沙丁鱼在烤架上烤制而成的。

炖菜之王（cozido）

这是牛肉、猪肉和腌肉的乱炖，搭配米饭和蔬菜汤食用。

黑豆炖肉（feijoada）

将豆子、牛肉和猪肉一起炖制而成。

波尔图式牛肚炖菜（tripas à moda do Porto）

这是最受葡萄牙人欢迎的一种用牛肚和芸豆烹制而成的菜肴。

牛肝马铃薯拼盘（iscas com elas）

使用煎好的小牛肝搭配煮好的马铃薯块制成。

甜点

葡萄牙有很多甜点，最有名的就是葡式蛋挞（pastéis de nata，一种奶油酥皮甜点）和阿威罗蛋黄糕（ovos moles de aveiro，一种薄薄的外壳中包裹着加糖生蛋黄的甜点）了。这里广受欢迎的甜点还有葡式米布丁（arroz doce，一种加有柠檬和肉桂的、主料为大米和鸡蛋的布丁）、鸡蛋布丁（pudim flã，一种用鸡蛋和焦糖制作的布丁）、纸杯米粉蛋糕（bolo de arroz，一种可单份出售的米粉蛋糕），以及法洛菲亚斯（farófias，一种将打发的蛋白在牛奶中煮熟，再搭配上蛋黄酱和肉桂粉的甜点）。除鸡蛋外，葡萄牙人还常以杏仁酱、南瓜、蜂蜜和香草为主要原料制作甜点。

葡萄牙人厨房的主角是一种经过盐渍和干燥的鳕鱼——马介休（bacalhau）。在放入冰箱存放前，盐渍和干燥能够使鳕鱼在运输途中保持本身的鲜味。在烹饪之前，需要将马介休先放入水中或奶中浸泡。用马介休烹饪的菜肴有很多，如：布拉斯式鳕鱼（bacalhau à brás），将马介休切丝、洋葱切丝，配上炸好的马铃薯和鸡蛋一起炒；戈麦斯撒式鳕鱼（bacalhau à gomes de sá），需要搭配煮马铃薯、洋葱和煮鸡蛋；鳕鱼球（pastéis de bacalhau），一种经过油炸的丸子形状的美食，搭配有马铃薯、鸡蛋、洋葱和欧芹，经常作为开胃菜食用。

美食趣多多

大约在15世纪，葡萄牙人从东南亚进口了原产于中国的甜橙。自那时起，葡萄牙一度是世界上最大的甜橙出口国。因此，在许多语言（如土耳其语、阿拉伯语、希腊语），以及一些国家（如意大利）的方言中，甜橙都被称为“葡萄牙甜橙”。

法国

法国菜是世界上最重要的菜系之一，拥有丰富的地域性菜肴以及由国际知名大厨制作的招牌菜肴。由于法国人几个世纪以来的辛勤工作，2010 年，法国大餐被联合国教科文组织列入了《人类非物质文化遗产代表作名录》。

早餐、小吃有什么？

法国人的早餐包括黑咖啡、拿铁咖啡、茶、黄油面包、蜂蜜、果酱、牛奶、酸奶、水果等。在酒吧，法国人往往以香浓的牛角面包（croissant）、巧克力面包（pain au chocolat）和螺旋形的葡萄干面包（pain aux raisins）来开启美好的一天。

法式火腿奶酪三明治（croque-monsieur）是一种很好的小吃，在切片吐司中夹上熟火腿，上面撒上磨碎的埃曼塔奶酪（emmental），再用烤箱烘烤或用平底锅煎制而成。还有一种三明治，它是完全不同的类型，就是法国里维埃拉地区的特色美食——金枪鱼沙拉三明治（pan bagnat）。它是法棍面包里夹着凤尾鱼、煮鸡蛋、金枪鱼，以及洋葱、番茄等未烹饪的蔬菜的三明治。法国还有两种口味绝佳的小吃，它们也来自里维埃拉地区：一是尼斯比萨（pissaladière），使用薄薄的面包面团，搭配洋葱酱、凤尾鱼和黑橄榄制成；一是索卡（socca），它现在已经成为尼斯及其周边地区的特色美食。

午餐、晚餐吃什么？

法国人午餐和晚餐的进餐顺序没有什么不同，往往先从一道清淡的菜肴开始，比如一份蔬菜或一份用油、醋、芥末、香草、青葱等调味的混合沙拉。或者用一个小陶罐盛上一罐混有香料、黄油（或奶油）的肉末或鱼肉末，这道凉菜上面通常盖有一层肉冻。然后，作为主菜的是肉或鱼，搭配煮熟的蔬菜、米饭，很少搭配面食。主菜也可以是掺有鸡蛋和小面包块的肉丸或鱼丸（quenelle），其形状为半圆柱形，是像煮大面疙瘩一样在开水中煮熟的。最后，法国人会简单地吃一个水果或者众多法国产奶酪中的任意一种，再或者，在费塞勒奶酪（faisselle）中加入蜂蜜尽情地享用一番。甜点通常是那种比较柔软的、用勺子吃的，这是一顿大餐的完美结尾。

乳蛋饼（quiche）是一种以水油酥面团为原料制作的开放式咸味馅饼，是经典的法国菜。人们可以按照个人喜好添加馅料，一般是添加一种混合有鸡蛋和奶油的蔬菜馅。最著名的洛林乳蛋饼（quiche lorraine）来自洛林大区，只不过其中没有蔬菜，只有一小块培根。

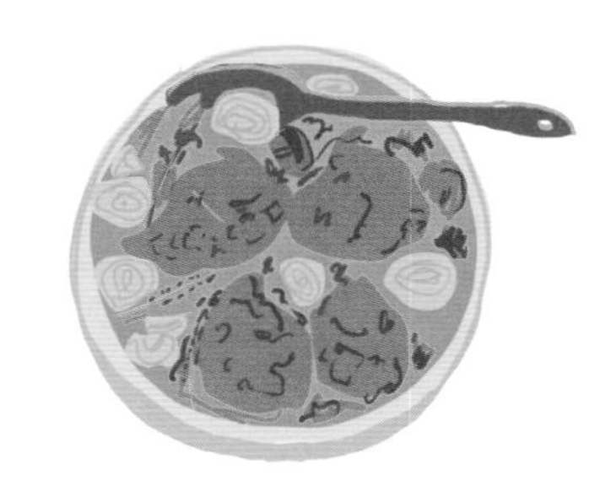

极富特色的地域美食

来自陆地和海洋的软体动物

品尝法国餐厅的开胃菜时，千万不要错过这些软体动物：一是蜗牛，人们会将蜗牛肉与大蒜、黄油、欧芹等混合后再塞入蜗牛壳内烹制；二是牡蛎，只需将其撬开，尽情品尝源于海水的鲜香；三是贻贝，人们会将它和大蒜、欧芹，有时还有奶油，在平底锅里一起烹制。

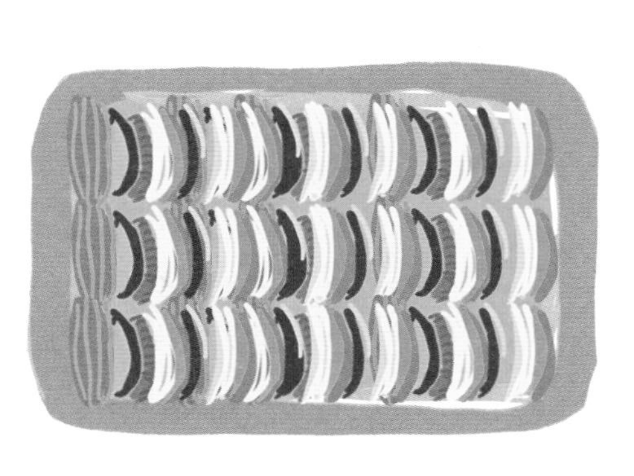

炖肉

法式蔬菜牛肉汤（pot-au-feu）是一种炖菜，清炖肉类和蔬菜。红酒烩鸡（coq au vin）是一种用红葡萄酒炖制的菜肴，主料为鸡和蔬菜。红酒炖牛肉（bœuf bourguignon）是另一种使用红葡萄酒炖制的菜肴，来自勃艮第，其主要原料为牛肉、胡萝卜和洋葱。

面包和甜点

所有人都知道的法式长棍面包已经是法国美食的象征。法国糕点师们的慧心巧思广传于世，他们的糕点坊太出名，以至于即使是在法国境外，源自这些糕点坊的糕点也保留了其原始名称，例如苹果派（tatin）、拿破仑蛋糕（napoléon）以及法式焦糖泡芙挞（saint honoré）。颇为值得一提的法式甜点还有焦糖奶油布丁（crème caramel）、法式焦糖炖蛋（crème brûlée）、玛德琳蛋糕（madeleine，一种贝壳状的小蛋糕）、马卡龙（macaron，一种有多种颜色的蛋白外皮和软软馅料的小圆饼）。

普罗旺斯炖菜（ratatouille）

源于普罗旺斯的夏季炖菜（以番茄、辣椒、西葫芦、洋葱、茄子等为原料），可以作为配菜或单独作为一道菜享用。

多菲内奶油焗马铃薯（gratin dauphinois）

将切成薄片的马铃薯在牛奶中煮熟，再一层马铃薯片、一层奶酪（或鲜奶油）地铺入盘中，覆盖更多的奶酪后在烤箱中烘制而成。

浓味鱼汤（bouillabaisse）

这是一种用多种鱼烹煮的鱼汤，起源于普罗旺斯。这道汤还可以添加软体动物和甲壳动物进行烹煮，一般搭配大蒜辣椒酱（rouille）食用。

法式酸菜猪肉香肠锅（choucroute）

这道菜起源于阿尔萨斯地区，但现在已流传到很多地方。它的主要材料是发酵的卷心菜（即酸菜），因此具有浓淡适中的酸味。做这道菜时，还需要加入香肠和猪肉一起煮很长时间。

豆子焖肉（cassoulet）

这是一道源于朗格多克的菜肴，它是将干芸豆和各种肉类长时间炖煮而成的。即使在其他国家（如巴西或西班牙），这道菜也可以随时随地烹煮，人们也会用蚕豆代替芸豆。

Menu

美食趣多多

在法国，根据菜肴的价格、提供的菜肴的类型以及就餐环境，餐馆可以分为以下几种：可以购买熟食带回家中享用的烤肉店和餐饮店，最豪华的餐厅，提供本地特色菜肴的非正式的小酒馆，可以喝啤酒并能够品尝到一些下酒菜肴的啤酒馆，以及除了咖啡和酒精饮料之外还提供沙拉和三明治的咖啡馆。

英国

英国由众多岛屿组成，其气候非常适合种植谷物和马铃薯，以及开展养殖业，因而英国菜以肉类、蔬菜、鱼和乳制品为基础。几个世纪以来，英国与许多国家和地区建立了关系，其中一些国家和地区甚至曾经是其殖民地。因此，英国的日常烹饪也受到了这些国家和地区饮食的影响。例如，一些印度菜现已融入英国文化，并被认为是属于英国菜系的。英国菜中还有一些融合多地文化的“发明”，例如巴尔蒂锅菜（balti）就具有典型的东方风味，它是将肉和蔬菜用辛辣的咖喱一起炖煮后，与馕（naan）一起食用的。

早餐吃什么？

早餐是英国人一天中最重要的一餐，全套早餐（full breakfast）甚至已经成为他们餐饮的代表。

一般而言，英国人早餐中会出现涂有黄油和果酱的切片面包、麦片、煎饼（pancake），还有橙汁、果汁或粥。英国人的粥是在水中加盐煮熟燕麦片，再向其中加入黄油和温牛奶，并用糖、新鲜的或干制的水果调味制成的。假日的全套早餐更为丰盛，有吐司、培根或者火腿煎蛋（ham and eggs）。然后，人们可以吃生的或者烤的番茄、烤蘑菇、熏鲱鱼（kipper）、马铃薯煎饼（hash browns）、茄汁焗豆（baked beans）、黑布丁（black pudding，用猪血做成的血肠）、香肠和马铃薯泥。

特色小吃有什么？

世界上最著名的小吃，也许就是用来打发下午时光的下午茶了。这顿简餐里有一些甜味和咸味的小吃。除了三明治之外，配茶的还有一些专用甜品，如司康（scone）、涂有黄油的小面包、草莓酱、浓香奶油。在各类饼干中，苏格兰脆饼（shortbread，含有很多的黄油和糖）以及消化饼干（digestive，以全麦粉和粉碎后的小麦胚芽制成的一种苏格兰饼干）均可作为奶酪蛋糕（cheesecake）的基料。奶酪蛋糕是一种使用鸡蛋、糖、鲜奶酪做成的蛋糕，上面放有酸味水果蜜饯（如浆果或杏脯）。

午餐、晚餐吃什么？

英国人的午餐是一顿便餐，通常包括几个三明治。

晚餐包括汤或开胃菜、用肉或鱼做成的主菜，还有一份甜点（或奶酪）。

英国人通常是在度假时烹饪典型的英国特色菜的。而在工作日，他们经常选择意大利菜，如比萨、意大利面、炸鸡、汉堡，以及吐司加青豆（beans on toast，由一片烤面包片配上碎奶酪和番茄酱豆制成）。

星期日烤肉（Sunday roast）

这种烤肉搭配烤马铃薯、蔬菜和酱汁等食用。烤牛肉、烤猪肉搭配洋葱蘸料或苹果酱，烤羊肉搭配薄荷蘸料，烤鸡肉则搭配醋栗酱。

约克郡布丁（Yorkshire pudding）

这种布丁是将用鸡蛋、面粉、牛奶和水制作的面团放入烤炉内烤熟制成的，可以作为配菜享用，加入香肠后亦可单独作为一道菜，配焦糖洋葱酱食用。

威尔士奶酪吐司（Welsh rabbit）

这种威尔士特色美食是将切达奶酪（cheddar，需用煮开的啤酒化开）涂抹在放了火腿的面包上烤制而成的。它的名字颇具讽刺意味，因为这道菜里面根本没有兔肉（rabbit）。

面包屑水果布丁（crumble）

这是一种甜点，下面是一层水果（通常是苹果），顶部是一层由面粉、黄油和糖混合成的碎屑，烘烤后这些碎屑就会形成一个外壳。

奶酪

英国盛产奶酪，其中较为著名的有切达奶酪、斯提尔顿奶酪（Stilton）、柴郡奶酪（Cheshire）、格洛斯特奶酪（Gloucester）、兰开夏奶酪（Lancashire）。

派

英国著名的派有牛肉和腰子派（steak and kidney pie）、猪肉派（pork pie）、乡村农舍派（cottage pie）和牧羊人派（shepherd's pie，将羊肉切碎后与洋葱一起炖煮，再覆盖上一层马铃薯泥烤制而成）。

肉馅羊肚（haggis）

这道菜的具体做法是在羊肚里面塞满羊内脏、洋葱、燕麦片、香料和肉汤，再炖煮几个小时。这道菜做好后配萝卜泥和马铃薯泥食用。

卡伦鳕鱼汤（Cullen skink）

使用熏制过的鳕鱼、马铃薯和洋葱做成的一种苏格兰浓汤。

带皮的烤马铃薯（jacket potato）

将在烤箱或铁烤架上烤好的马铃薯切开，夹入芸豆、奶酪片、蛋黄酱和大量的兰开夏罐焖肉（Lancashire hotpot，一种将羊肉片、洋葱和马铃薯片等放在砂锅中焖熟的菜肴）即成。

布丁

布丁女王（queen of pudding）用面包屑和果酱做成，外面有一层蛋白酥皮。面包黄油布丁（bread and butter pudding）使用陈面包、混合了鸡蛋的黄油、糖、香料、葡萄干制成，在烤箱中烘烤好之后，配英式奶油食用。

英国到处都有专门卖炸鱼和炸薯条的小店：炸鳕鱼片配薯条，撒上盐和麦芽醋食用，通常还搭配炖豌豆。咖啡厅会供应经济实惠的典型英式早餐：炒鸡蛋、培根、帕尼尼、焗豆、炸薯条等。在茶馆，人们可以享用便餐和饮料，尤其是茶，甚至可以享用包括司康、果酱和浓香奶油在内的美味的奶油茶点（cream tea）。英国的酒吧是一个地道的美食场所。如今在大多数情况下，人们可以在酒吧品尝到当地的传统美食。

美食趣多多

三明治（sandwich）被公认为是由生活在18世纪的一位与它同名的英国伯爵发明的。这位伯爵酷爱玩纸牌和打高尔夫球，为了不让吃饭占用自己的娱乐时间，他发明了三明治。

德国

德国是一个有着悠久烹饪历史和灿烂饮食文化的国家。包罗万象的德国美食大多以牛奶、肉类、鱼类和蔬菜为主要食材。因为保留了显著的地域特征，有很多美食已经成为德国国家级的特色菜肴。

早餐、小吃有什么？

早餐对德国人来说是非常重要的一餐。星期天已成为德国人的一个与家人和朋友一起放松的机会，人们会带着甜食共享早午餐。除了茶、大杯咖啡、巧克力、牛奶和果汁之外，人们还可以品尝夸克奶酪（Quark，一种非常柔软的可涂抹的奶酪）、酸奶、脱脂奶（Buttermilch）、果酱、水果、番茄和黄瓜。面包和奶酪的旁边从来不会缺少腌肉，既可以有火腿片、腊肉片，也可以有香肠类食品，包括可以在面包上涂抹的香肠，例如下午茶香肠（Teewurst，将猪肉和烟熏培根制成可以挤出的糊状后制作而成）或熏制的瘦肉香肠（Mettwurst）。

在白天，人们总有机会品尝到小吃，也许是一杯咖啡加一块蛋糕。

午餐曾经是德国人的主餐，但是，不在假期也能够平静地享用午餐的德国人越来越少。他们午餐的组成清晰而明确：一个清淡的汤，一道炖肉菜作为主菜，还有一道甜点。德国人传统上的晚餐时间很早，以前大约在 18 时，菜品大都是冷食，有腌肉、冷切肉和奶酪，与早餐非常相似。不过，现在德国人会在午休时间快速享用午餐，这将让他们有足够的时间去享受一顿更为丰盛的晚餐。

在德国，面包非常重要，至少有两百种，例如：裸麦面包（Roggenbrot），仅由黑麦粉制成；粗制裸麦黑面包（Pumpernickel），来自威斯特伐利亚地区的主要由黑麦制成的黑面包。说到德国面包，还不能忘记天然酵种碱水扭结面包（Brezeln，呈极有特色的扭结形状，表面撒有粗盐粒），以及德式特色小面包（Belegte Brötchen，一种用芝麻或亚麻子点缀的三明治面包）。

德国的街头小吃店随时供应快餐。具有柏林特色的咖喱肠（Currywurst）现在在德国各处都可以品尝到。它是一种煮熟或烤熟的香肠片，用番茄酱和咖喱调味，与炸薯条一起食用。烤肉串（Kebab）也很常见。烤肉串来自中东地区，但因为德国有很多土耳其人，所以在德国，这种食物很受欢迎。

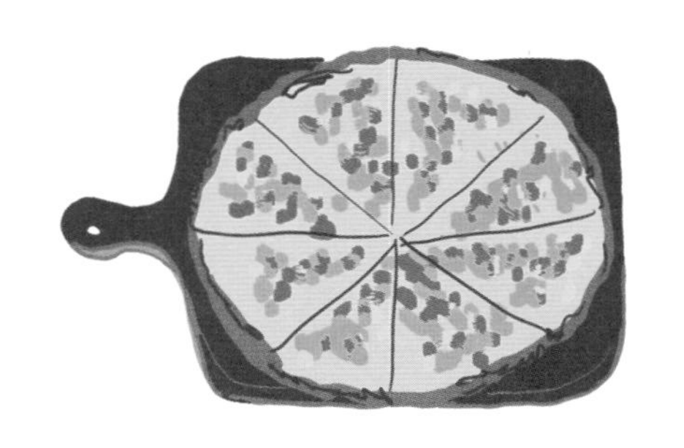

极富特色的地域美食

蒸煮面食

德式鸡蛋面疙瘩（Spätzle）是一种用蘑菇或奶油调味的面疙瘩，通常在面团中还会加入菠菜。德式饺子（Maultaschen）是用肉、菠菜、面包屑和洋葱制作的大饺子，与化开的黄油、马铃薯沙拉或肉汤一起烹制后食用。德式馒头（Dampfnudeln）是一种发酵食品，水煎后可以与蘑菇、卷心菜或醋腌黄瓜一起作为头盘菜食用。

咸香洋葱派（Zwiebelkuchen）

这是一种添加了洋葱、培根、奶油和孜然制作的派，其外露的馅料与火焰馅饼（Flammkuchen，一种典型的巴登－符腾堡低脂比萨）的有些相似。

马铃薯菜肴

德式马铃薯沙拉（Kartoffelsalat）是一种非常受欢迎的添加了洋葱和香料的冷沙拉，马铃薯汤（Kartoffelsuppe）由马铃薯和其他蔬菜、香肠等一起炖制而成，而手指马铃薯面（Schupfnudeln）是添加了鸡蛋和面粉制成的。

甜点

德式奶酪蛋糕（Käsekuchen）是一种开放式奶酪蛋糕，黑森林蛋糕（Schwarzwälder Kirschtorte）则有一层黑森林特色的奶油。另外，有代表性的德国甜点还有夹有果酱的德式甜甜圈（Krapfen）和油煎饼（Pfannkuchen）。

香肠

据说德国产的香肠有超过1500种。其中，最常见的是用猪肉和香料制作的油煎香肠（Bratwurst）。著名的德国香肠有：使用猪肉或牛肉制作的维也纳香肠（Wiener，一般为熏制而成），源于巴伐利亚的以小牛肉制成的牛肉白香肠（Weißwurst），长长的法兰克福香肠（Frankfurter），加入猪肝制作的猪肝肠（Leberwurst，一种可涂抹的猪肝酱肠，早餐时也可食用）。德国人享用香肠时所需要的辛辣调味料为芥末或磨碎的辣根。

其他美食

红酒醋焖牛肉（Sauerbraten）是使用酒和醋等烹制的腌肉炖菜，搭配酸菜和马铃薯食用。德式烤猪肘（Schweinshaxe）是使用铁烤架烤制的猪肘，搭配马铃薯和芥末食用。炸肉排（Schnitzel）是一种类似于米兰猪排的面包屑炸肉排。德式肉饼（Frikadellen）是将用切碎的肉、洋葱和鸡蛋制成的肉饼烘烤或油炸制成的。

常备食材有哪些？

卷心菜被用于许多德国美食中，例如，酸菜（Sauerkraut，切碎的卷心菜经过发酵制成）以及用糖和醋腌制的紫甘蓝。德国人常备的其他蔬菜主要是洋葱、芦笋等，白色蔬菜居多。

美食趣多多

根据德国人的习俗，在复活节期间，孩子们会寻找色彩缤纷的彩蛋以及复活节兔子（Osterhase）带来的礼物。世界知名的、让人食欲大开的其他德国“小动物”有小熊橡皮糖（Gummibären）。

荷兰

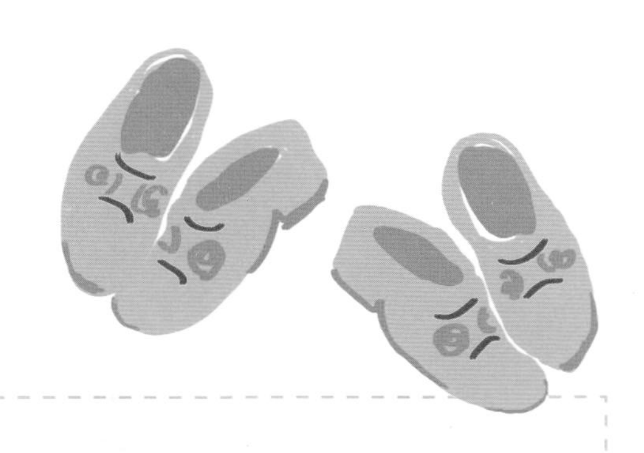

荷兰属于温带海洋性气候，冬暖夏凉，雨水较多，还时有薄雾。在这种气候条件下，荷兰牧场比比皆是，源源不断地生产出优质的牛饲料，并供应了大量的肉类和牛奶，以及奶酪和黄油。荷兰人还养殖小牛、鸡、鸭、羊羔、猪、火鸡。长长的海岸线有利于他们捕捞品种繁多的新鲜鱼类（如鲱鱼、鲭鱼和鳗鱼），这些鱼又可进行烘干或熏制。虽然光照期短，但荷兰有许多河流，它们使得土地肥沃，适合各种作物的种植：荷兰的农田里广泛种植着大麦、玉米、马铃薯、卷心菜、甜菜和小麦。

早餐吃什么？

荷兰人的早餐包括加了谷物的牛奶或酸奶、七彩米（hagelslag）、覆盖着巧克力碎的面包，或者上面放有被称为“糖老鼠”的糖衣茴香籽（muisjes）的荷式面包干（beschuit）。糖衣茴香籽这种特殊的装饰是通过在茴香籽外包裹几层糖制成的，在庆祝孩子出生时，荷兰人经常将其制作成粉红色或蓝色的。

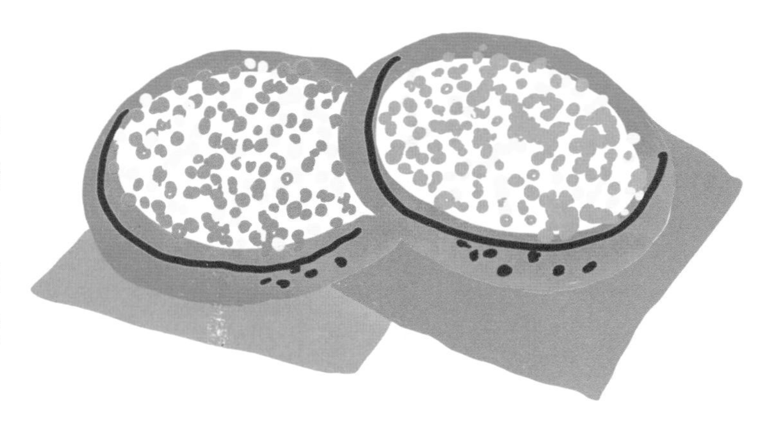

午餐、晚餐吃什么？

荷兰人的午餐时间很短，人们经常吃面包片，搭配奶酪、火腿、培根、花生酱。晚餐则可以在17时至19时之间享用。晚餐时首先喝汤，然后吃一盘肉和蔬菜（需要搭配不可或缺的马铃薯），或者一份印尼炒饭（nasi goreng，其中加入了煎蛋碎以及肉或虾）。至于甜点，荷兰人喜欢吃荷式蛋奶布丁（vla）、酸奶或水果。

一起去采购

荷兰人主要在超市购买食物。然而，越来越多的城市里的居民会在周末到有顶棚的大市场内购物，那里有蔬果店、面包坊、肉店、鱼店……居住在乡村的人们则可以直接从生产商那里购买食物。

极富特色的地域美食

荷式豌豆汤（erwtensoep）

一种加入了熏香肠的豌豆浓汤，与黑麦面包片一起食用。

胡萝卜洋葱马铃薯泥（hutspot）

加入了胡萝卜碎和洋葱碎的马铃薯泥，搭配炖牛肉或肉丸一起食用。

荷式炸肉丸（bitterballen）

可以在晚餐前将它当作小吃享用。制作荷式炸肉丸时，需要先将肉用一种加入了欧芹和洋葱的调味酱腌制。

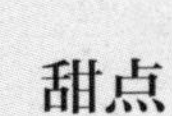

菊苣马铃薯泥（andijviestamppot）

这是荷兰十分常见的一种菊苣炖菜，像所有的蔬菜马铃薯泥（stamppot）一样，它也是用马铃薯和蔬菜制成的。

荷式肉末肠（frikandel）

将提前备好的肉末肠裹上面包屑后炸制而成，和薯条一起食用。

甜点

荷兰人非常喜欢甜点。最著名的荷兰甜点是双层华夫饼（stroopwafel，两张薄薄的华夫饼中夹着焦糖和蜂蜜），其他值得一提的荷兰甜点还有荷式巧克力泡芙（bossche bollen，一种覆有巧克力的注有奶油的泡芙）和荷式千层酥（tompoes，一种覆有粉红色糖霜的糕点）。

奶酪

人们最熟悉的荷兰奶酪是黄色的豪达奶酪（gouda）和带有醒目红色外皮的艾丹姆奶酪（edammer）。

人们在荷兰路边经常会遇到小吃摊，最受欢迎的小吃是搭配洋葱生吃的鲱鱼。每当节日来临时，所有的摊位都会出售荷式迷你煎饼（poffertjes），这种薄薄的甜饼上覆有一层糖粉和化开的黄油；而在圣诞节期间，小吃摊会出售荷式甜甜圈（oliebollen），这种小吃是将加了葡萄干和红醋栗的小面团油炸后撒上糖粉制成的。

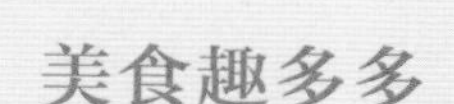

美食趣多多

荷兰人一直都热爱航海，通过与世界上其他国家和地区人们的接触，他们了解并进口了很多食物，如大米、藏红花、肉豆蔻、生姜、肉桂和糖等。荷兰美食也体现着不同文化的相互融合，例如荷式印尼料理（rijsttafel，其字面意思为“饭桌”），这顿大餐中有多种肉、鱼、蔬菜、鸡蛋菜肴，它们均是根据传统的印尼食谱烹饪而成的。

丹麦和挪威

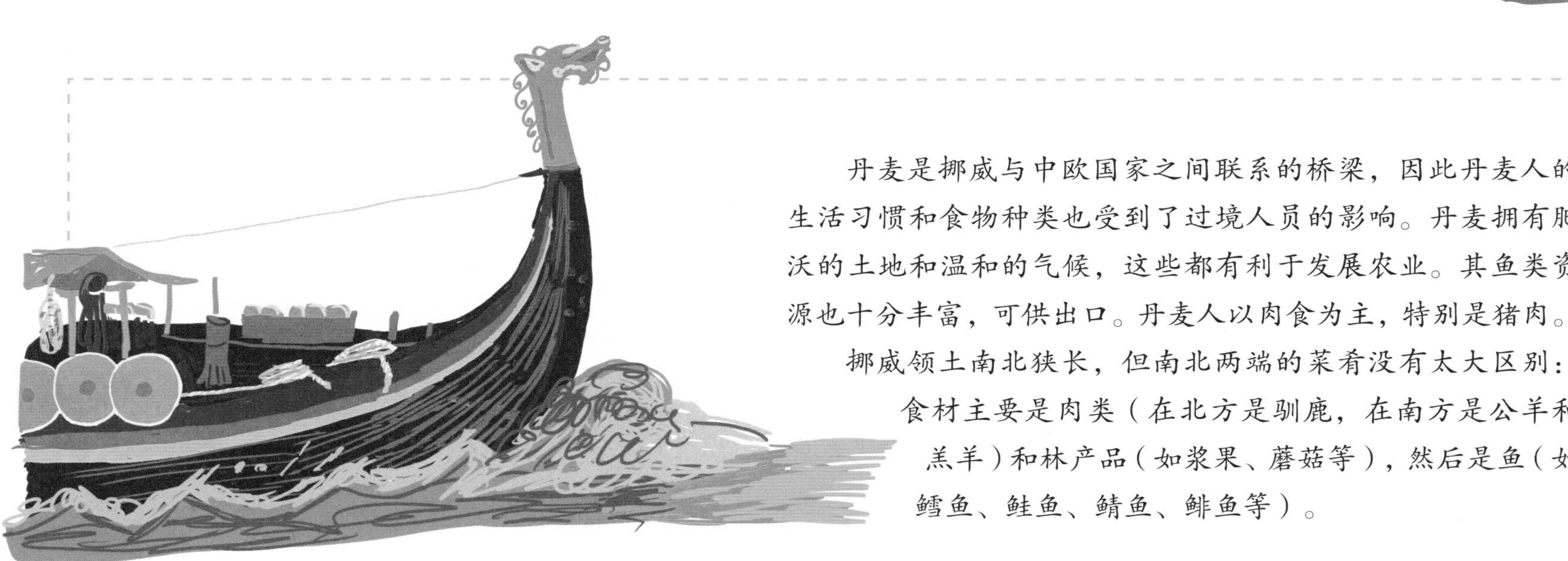

丹麦是挪威与中欧国家之间联系的桥梁，因此丹麦人的生活习惯和食物种类也受到了过境人员的影响。丹麦拥有肥沃的土地和温和的气候，这些都有利于发展农业。其鱼类资源也十分丰富，可供出口。丹麦人以肉食为主，特别是猪肉。

挪威领土南北狭长，但南北两端的菜肴没有太大区别：食材主要是肉类（在北方是驯鹿，在南方是公羊和羔羊）和林产品（如浆果、蘑菇等），然后是鱼（如鳕鱼、鲑鱼、鲭鱼、鲱鱼等）。

早餐吃什么？

丹麦人的早餐以面包片为主，通常是黑麦面包（rugbrød），另有黄油、果酱、奶酪、牛奶和麦片，以及水果、酸奶和凝乳奶（ymer）。在挪威，除了这些食物之外，人们早餐还喜欢吃腌制鱼类、煎鸡蛋（或水煮鸡蛋）、酸奶油粥（rømmegrøt，以酸奶油、温牛奶以及面粉制成，并放有黄油、糖、肉桂）。在节日期间，丹麦人的早餐时间更为宽裕，可以享受各种夹有新鲜的奶酪或咸肉的丹麦早餐包（rundstykker），以及极有特色的维也纳面包（wienerbrød）。维也纳面包的制作灵感来自19世纪中叶来到这里工作的奥地利糕点师。

午餐、晚餐吃什么？

在工作日，无论是上班族还是学生，丹麦人都经常吃在家中做好的午餐，或者吃丹麦开放式三明治（smørrebrød）。丹麦开放式三明治有一片涂有黄油的黑麦面包片，人们可以根据个人喜好添加鱼肉、奶酪、熏肉（或腌肉）、蛋黄酱、煮鸡蛋、泡菜、新鲜蔬菜、香草等食材。丹麦人的晚餐可以选择搭配了煮马铃薯的鸡肉或猪肉菜肴。

挪威人与瑞典人、芬兰人的习惯更为相似，斯堪的纳维亚式自助餐（koldtbord）在他们的生活中非常普遍，这是一种包括沙拉、鱼和奶酪等冷、热菜肴的自助餐。

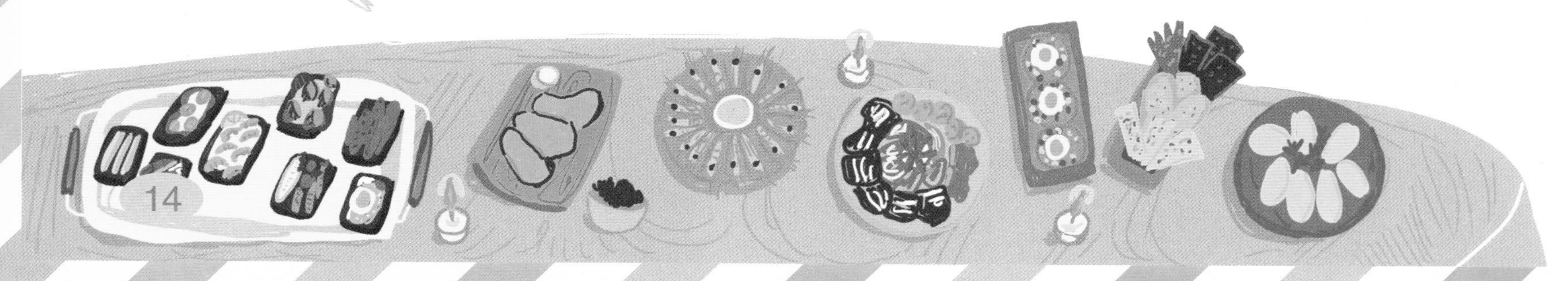

丹麦

极富特色的地域美食

卷心菜汤
（grønkålssuppe）

一种卷心菜做的汤。

丹麦肉饼
（karbonader）

将肉饼沾上面包屑煎炸而成。

丹麦烧肉（flæskesteg）

这道菜是典型的冬季菜肴，搭配苹果、李子、紫甘蓝和马铃薯一起食用。

梅迪斯特香肠（medisterpølse）

一种经过油炸的香肠。

水煮鳕鱼（kogt torsk）

搭配芥末酱、辣根、煮马铃薯食用。

水煮鳗鱼卷（rulleål）

将鳗鱼卷和洋葱、盐、胡椒一起煮，冷却后搭配马铃薯食用。

油炸腌鲱鱼（stegte sild）

将盐渍鲱鱼沾上面包屑油炸后，搭配洋葱酱食用。

甜点

丹麦的甜点有很多：红梅布丁（rødgrød med fløde），用浆果和奶油制成；苹果蛋糕（bondepige med slør），由加入黄油和糖烤制的面包屑与苹果酱一层层交叠而成；牛奶大米布丁（risengrød），一种圣诞甜点；丹麦煎饼（æbleskiver），夹有浆果果酱，表面撒有糖粉，是在带有七个空心半球形模具的铸铁锅中烹制而成的。

挪威

极富特色的地域美食

酸奶油（rømme）

酸奶油可以作为多种菜肴的配料使用。

丹麦开放式三明治（smørrebrød）

用涂有黄油的黑麦面包片制成的三明治。

渍鲑鱼片（gravlax）

用莳萝、盐和糖腌制的鲑鱼片。

挪威腌鳟鱼（rakfisk）

用盐和糖腌制的鳟鱼，发酵期长达三个月，可以生吃。

鳕鱼菜肴

马介休可以水煮或油炸后食用。用风干的鳕鱼加工成的碱渍鱼（lutefisk）可以与煮熟的蔬菜一起食用。

挪威肉丸（kjøttkaker）

这是在斯堪的纳维亚半岛各地都颇受欢迎的肉丸，可以搭配用面粉、黄油和香料调制成的黑酱（brun saus），以及马铃薯或牛奶炖卷心菜（kålstuing）一起食用。

卷心菜炖羊肉（fårikål）

这道羊肉炖菜是挪威的传统美食。挪威人还有一些羊肉美食，比如风干盐渍羊腿（fenalår）。

美食趣多多

在丹麦和挪威，人们都非常喜欢享用奶酪。丹麦唯一真正的本土特产是烟熏奶酪（rygeost），它以酸奶为基料。在挪威，使用一种专用模具制成的具有辣味的传统老奶酪（gamalost）和使用孜然调味的、可以涂抹的香味奶酪（pultost）广受欢迎。

瑞典和芬兰

这两个国家虽然语言差别很大，饮食上却有着许多共同点。

两国恶劣的气候条件限制了作物的生长，最常见的蔬菜都需要妥善存放。如今，日益发达的工业技术和快速运输都有助于解决这些问题，因此，人们选择新鲜食材成为可能。

这两个国家都有许多原属于萨米人的菜肴。萨米人是游牧民族，生活在瑞典、芬兰等国的最北端，养驯鹿。

早餐、小吃有什么？

在瑞典，人们以这些早餐开始新的一天：三明治、冷盘、斯堪的纳维亚酸奶（filmjölk，加入脆面包和果酱混合后食用）、牛奶、果汁、茶和咖啡等。瑞典人在白天也经常喝茶和咖啡，配一块辫形面包（vetelängd）或其他面包。

在芬兰，早餐则包括水果、酸奶、威利（viili，一种芬兰传统发酵乳制品）、黑麦面包和芬兰式燕麦粥（puuro，一种加入牛奶、糖和肉桂做成的燕麦粥）。威利帕拉（välipala）则是一种包括糖果、浆果汁、布丁等在内的加餐小吃。

午餐、晚餐吃什么？

瑞典菜通常是用简单且传统的食材制作的家常菜，这些食材包括鱼、谷物、牛奶、马铃薯、根类蔬菜、卷心菜、洋葱，以及苹果、浆果等水果。中午，瑞典人喜欢在公司里简单地就餐，所以，他们最为理想的午餐就是瑞典式自助餐（smörgåsbord）：先从以不同方法烹制的多种鲱鱼菜品开始品尝，再来冷盘（如鳗鱼、腌鲑鱼、鸡蛋、冷切肉和泡菜等），然后是热菜，最后是甜点。晚餐和午餐是相似的，均以汤、肉（或鱼）和生的蔬菜为主，还有新鲜的牛奶或啤酒。

在芬兰，人们经常以一顿清淡的晚餐结束这一天。

常备食材有哪些？

在这两个国家，因为富含维生素 C 而显得很重要的卷心菜会被做成酸菜储存起来，而豌豆则会被磨成豌豆粉。另外，洋葱、蚕豆、萝卜、马铃薯也均被大量应用于烹饪。浆果会被用于制作甜点和搭配菜肴的酱汁，为各类菜肴增添鲜度和酸度。经过发酵的鲱鱼也是一种经典美味。

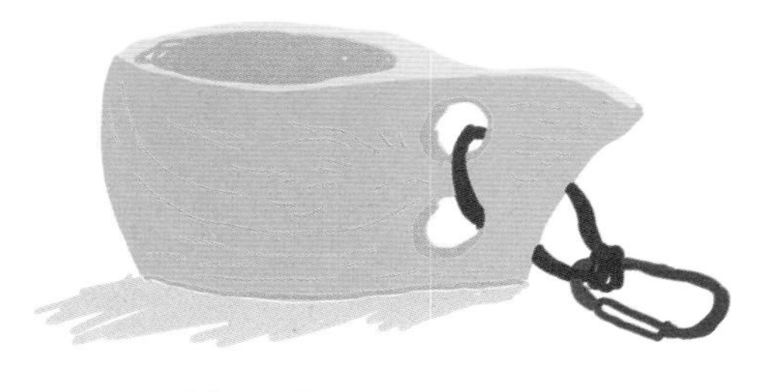

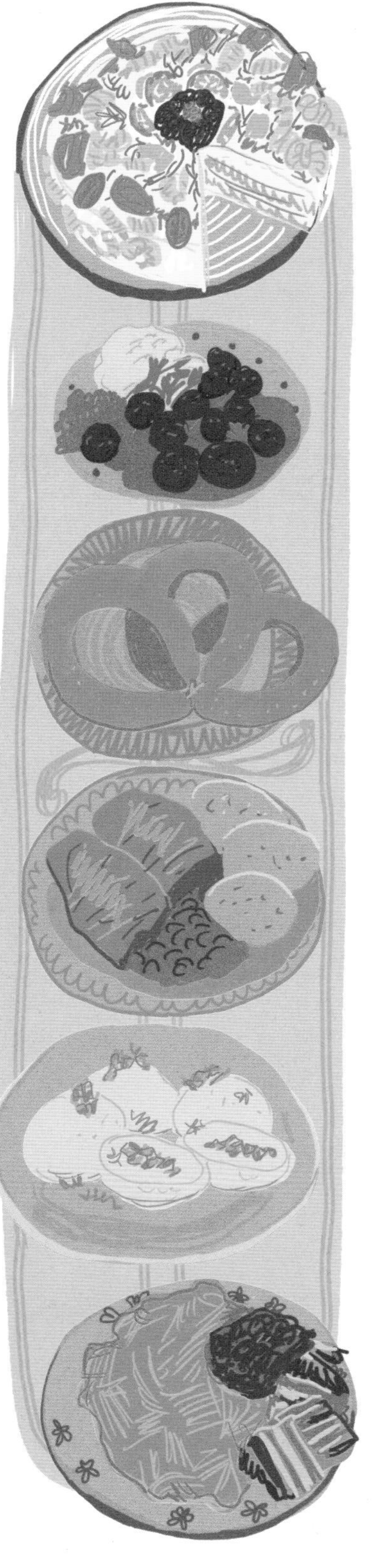

瑞典

极富特色的地域美食

三明治蛋糕（smörgåstårta）

使用鸡蛋、泡菜、虾、奶酪、鲑鱼等制成的分层蛋糕。

瑞典肉丸（köttbullar）

这可以说是一道瑞典国菜。添加了煮马铃薯、炒洋葱、鸡蛋、经过牛奶浸泡的面包屑等制作的肉丸，经过油炸之后，搭配奶油酱和蔓越莓果酱一起食用。

法鲁科夫香肠（falukorv）

主料为牛肉、马肉或猪肉的肉肠，里面加有香料、马铃薯淀粉和洋葱。

瑞典卷心菜卷（kåldolmar）

源自中东的卷心菜卷。它是用卷心菜叶包上肉和米饭烹制而成的，搭配马铃薯和蔓越莓果酱一起食用。

瑞典马铃薯煎饼（raggmunk）

将弄碎的马铃薯与面粉、牛奶混合后煎制而成，有时还加入鸡蛋。这道美食要配上蔬菜和蔓越莓果酱一起食用。

芬兰

极富特色的地域美食

卡累利阿派（karjalanpiirakka）

这种派呈小船状，用黑麦粉制作的派皮中塞满了马铃薯泥和用牛奶煮的米饭。烘烤时要先在派表面抹上打散的蛋黄和化开的黄油。

芬兰环状肉肠（lenkkimakkara）

一种经过烤制的环状香肠。

芬兰咸肉（savukinkku）

这曾经是直接在桑拿房烟囱罩上烟熏的咸肉，可以作为冷菜搭配蔬菜和炒鸡蛋食用。

鱼子（mäti）

鲑鱼、鲑鳟鱼、白鲑、江鳕等鱼的鱼子，搭配酸奶油、胡椒和洋葱食用。

鱼馅饼（kalakukko）

一种用鱼肉和咸猪肉做馅的无酵饼，可以作为冷盘搭配黄油食用，也可以作为热菜食用。

传统明火烤鲑鱼（loimulohi）

将鱼固定在烤架上，垂直放置在火上，烤至鱼油滴落、鱼肉变软即可。

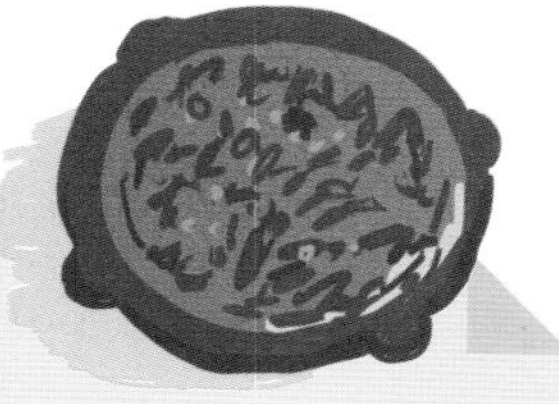

无论是瑞典北方的人，还是芬兰人，都食用驯鹿肉：驯鹿肉可以煮熟，或者经过腌制、风干和烟熏后制成烟熏驯鹿肉片（suovas），搭配马铃薯泥和蔓越莓果酱食用。芬兰的炖驯鹿肉（poronkäristys）同样可以搭配马铃薯泥和蔓越莓果酱食用。豌豆汤是两国另一道常见的菜肴。

美食趣多多

与瑞典人相比，芬兰人更喜欢不太甜的菜肴，他们已经从桦树及其他植物中提取出了非常有效的天然甜味剂——木糖醇。芬兰人还有自己的特色糖果——甘草糖（salmiakki），这是以咸甘草为原料制作的！

波兰、斯洛伐克和捷克

这三个国家冬季都非常寒冷，因此人们都习惯在夏季准备好在冬季食用的食物，例如储存蔬菜、水果、熏肉、肉肠、奶酪、经过干燥的自制面食等。

斯洛伐克饺子（pirohy）被认为是这三个国家共有的民族特色菜肴。这是一种以马铃薯、肉、奶酪和酸菜为馅的大饺子，以水果或者奶酪和糖为馅做成甜点也非常受欢迎。与许多东方国家相同，这三个国家也都有将马铃薯碎与鸡蛋、面粉混合后制成的马铃薯饼。

波兰

波兰有各种各样的美食，它们均源自法国、意大利、俄罗斯和犹太美食。

早餐、小吃有什么？

波兰人早上通常吃波兰开放式三明治（zapiekanka），它也可以当作零食，一般在摊点上有售。他们下午茶的甜点是波兰甜甜圈（pączki，一种夹有果酱的、油炸的发酵甜甜圈）、波兰苹果派（szarlotka，一种用苹果和奶油做的派）或者波兰奶酪蛋糕（sernik，一种在烤箱中烤成的奶酪蛋糕，上面用鲜奶油做装饰）。

午餐、晚餐吃什么？

汤是波兰人餐桌上永远不可或缺的：波兰肉汤（rosół）是一种带面的肉汤；罗宋汤由甜菜根加上其他蔬菜制成，通常搭配耳形小饺子（uszka，一种使用蘑菇和肉做馅的小饺子）食用；黑麦酸汤（żurek）是典型的由黑麦粉、豆类、马铃薯和其他蔬菜制成的汤，还可以加上一点点猪肉。波兰人的餐桌上还经常会出现香肠，比如托伦斯卡香肠（toruńska，克拉科夫地方特色香肠）。

常备食材有哪些？

波兰人的常备食材有蜂蜜、萝卜、蘑菇、苹果、李子、浆果等。
饮料有通过蜂蜜发酵获得的蜂蜜酒，它在波兰国内大量生产。

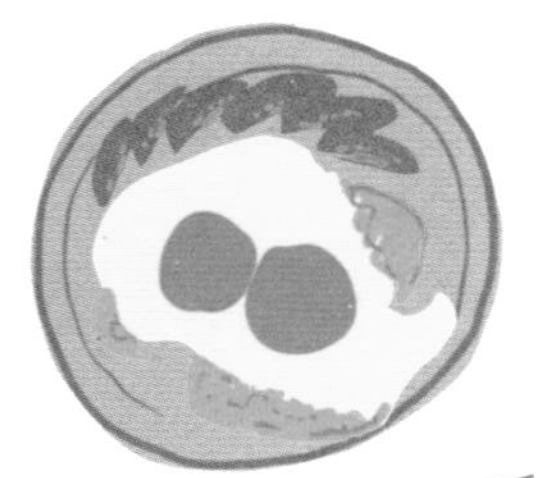

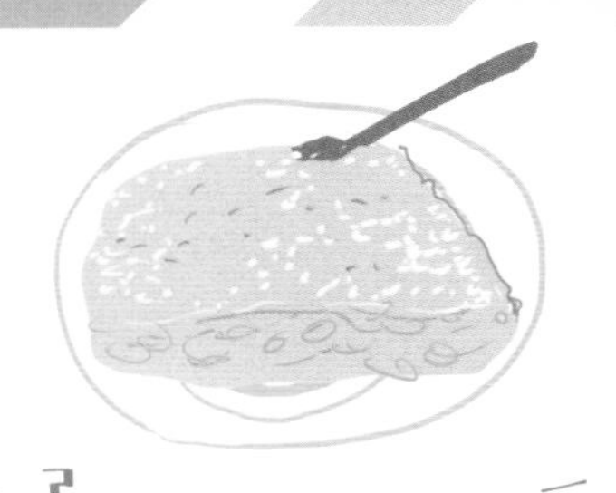

斯洛伐克

一日三餐和小吃有什么？

斯洛伐克的早餐种类繁多，具体吃什么取决于人们的食欲和个人口味。斯洛伐克三明治（obložené chlebíčky）表面上放有简单的馅料，需要涂抹黄油，通常用萝卜片装饰。如果喜欢吃鸡蛋，则最好来一盘火腿蛋（hemendex），这是一种煎鸡蛋和火腿的组合菜肴。蘑菇炒鸡蛋（huby s vajcom）也不错。

斯洛伐克人午餐时可以先喝汤，然后享用一道带配菜的主菜。炖牛肉（gulasch，使用牛肉、炒洋葱、马铃薯和辣椒粉等制作而成）、配有马铃薯沙拉的肉排等都是斯洛伐克较为流行的菜肴。

斯洛伐克民族特色菜肴为羊奶奶酪马铃薯饺子（bryndzové halušky），由马铃薯饺子搭配布林扎奶酪（bryndza，一种柔软的羊奶奶酪）和培根制作而成。最常见的牛排是牧羊人牛排（bačovský rezeň），这是牛排里面裹着一片烟熏奶酪和一块培根油炸而成的菜肴。

常备食材有哪些？

除了马铃薯、番茄、辣椒、洋葱之外，斯洛伐克人还常备羊奶奶酪，如布林扎奶酪和奥什贴波克奶酪（oštiepok，一种熏制的羊奶奶酪）。

捷克

一日三餐和小吃有什么？

最常见的捷克早餐是捷克大米布丁（rýžový nákyp）和捷克粗面粉粥（krupicová kaše）。这是两种有益健康的美食，可以搭配捷克派（koláče，一种带有水果或果酱馅的饼）一起享用。

捷克人的午餐和晚餐通常都有三道菜：一道汤、一道主菜和一道甜点。马铃薯一直都是捷克饺子（knedlíky）的主要材料，捷克饺子类似于面疙瘩，切片后可以作为肉类菜肴的配菜，也可以用李子和杏作为它的馅料。猪肉主要以烤肉、炖肉、腌肉搭配各类菜肴的形式出现在餐桌上。捷克的民族特色菜是捷克烤肉（vepřo knedlo zelo），即烤猪肉、酸菜配面疙瘩。布拉格熏火腿（pražská šunka）搭配煮马铃薯和啤酒的吃法在世界各地广受欢迎。

捷克有一种非常薄的特色甜点——捷克威化饼（karlovarské oplatky），使用了榛子、可可、杏仁或香草调味。

常备食材有哪些？

捷克人常备有蛋黄酱、鸡蛋、腌肉、洋葱、在森林中大量存在的蘑菇、其他蔬菜、苹果等，这些食材可用于烹制上千种菜肴。

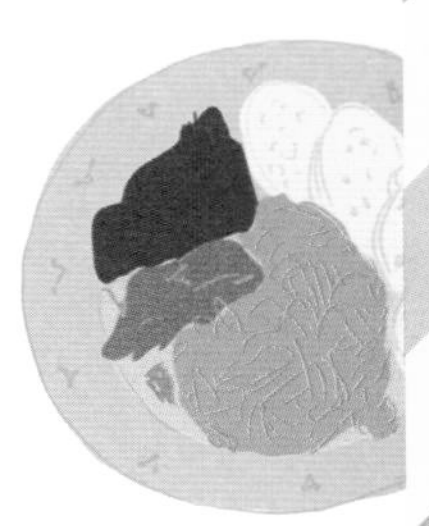

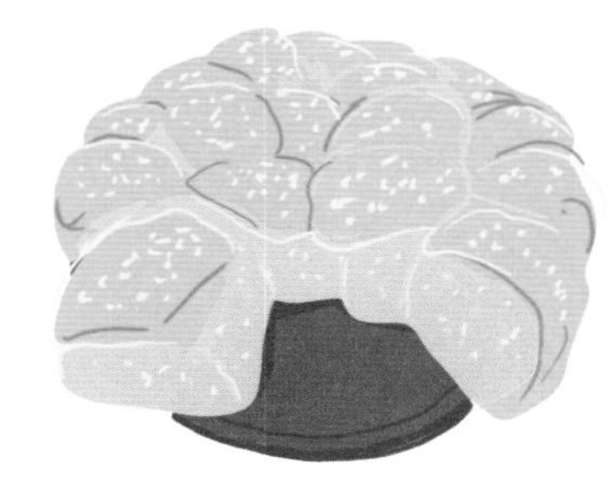

极富特色的地域美食

卷心菜汤

它肯定是最受三个国家的人们欢迎的菜肴。在斯洛伐克，这道菜还加入了酸菜、香肠、干蘑菇、烟熏肉、酸奶油等食材。

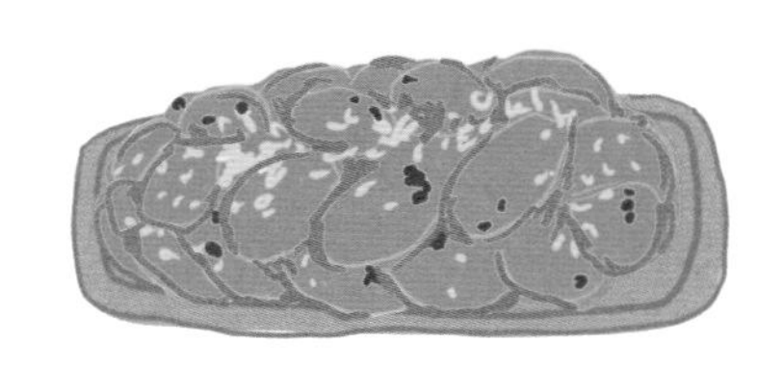

辫子面包（vánočka）

加了葡萄干的辫子面包是斯洛伐克和捷克共有的特色甜点。

奶油饺子（parená knedľa）

这是斯洛伐克和捷克最常见的配菜，如面包一样切成薄片后，非常适合泡在炖牛肉的酱汁中食用。

炸奶酪片（捷克语为smažák，斯洛伐克语为vyprážanýsyr）

使用沾有面包屑的奶酪片煎炸而成。如果配上生的蔬菜，这道美味小吃就会成为餐桌上的一道很受欢迎的菜肴。

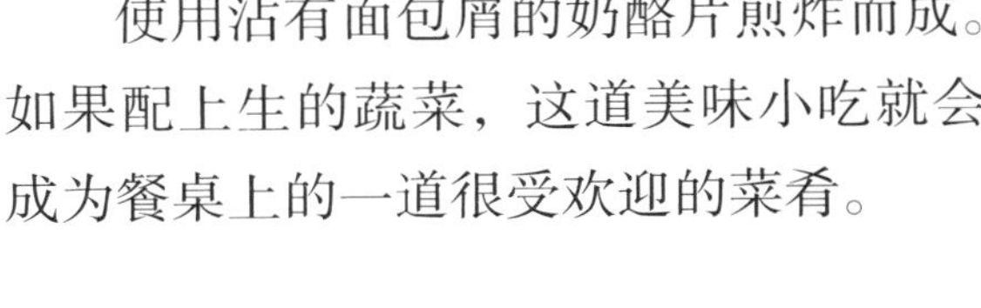

捷克传统发酵面包（buchty）

非常美味的一种食品。它是作为一整个面团被烤熟的，但上面已经有用于分开各个部分的标记。馅料可以用奶酪或酸果酱制成。

姜饼（perník）

用面粉、蜂蜜、香料和鸡蛋做成的面团烤制而成，可作为装饰“瓷砖”用于建造圣诞屋。

罗马尼亚和匈牙利

除了德古拉伯爵之外，罗马尼亚还以大量以肉类和蔬菜为主料的美味菜肴享誉世界。人们在这里能感受到曾经在这块土地上获得巨大成功的两大帝国——奥斯曼帝国和奥匈帝国的深刻影响。至于匈牙利，它的美食体系是欧洲最重要的美食体系之一，受到了其东部的斯拉夫国家、西部的奥地利和德国，以及东南部的土耳其的影响。

早餐吃什么？

在罗马尼亚，鸡蛋是早餐不可或缺的，人们可以吃煮鸡蛋、煎鸡蛋或煎蛋饼，它们都可以搭配培根、洋葱以及腌肉或熏肉片（sunculita taraneasca）食用。人们也可以吃泰勒米亚奶酪（telemea），这是几乎所有罗马尼亚人都喜欢的冬季必备食品。还有蔬菜酱（zacuscă），一种用茄子、洋葱、辣椒和番茄制成的糊状物，可以涂抹在软面包（franzela）上食用。

在匈牙利，传统早餐包括面包、黄油、新鲜的酸奶酪（túrós）、涂抹奶酪（körözött，以酸奶酪为基料制成）、辣椒、洋葱、欧芹、腌肉、番茄、青椒、鸡蛋等。匈牙利人工作日享用的快餐式早餐包括牛奶、咖啡或茶，以及填有果酱或蜂蜜的新月形甜面包（kifli）或者水果馅饼（rétes）。孩子们经常吃撒上可可粉的大米布丁或粗面粉（semolino）布丁。

午餐、晚餐吃什么？

在罗马尼亚，汤是餐桌上的主角。如果没有汤，人们就不会开始用餐。罗马尼亚酸汤（ciorbă）以蔬菜、鸡蛋、奶油（或酸奶）等制作而成，因添加了柠檬（或酸奶油）、酸菜汁、发酵麸皮而具有酸味。罗马尼亚有很多汤是以 ciorbă 搭配其主要食材的名称来命名的，如 ciorbă de perişoare（肉丸汤）、ciorbă de burtă（牛肚汤）。

在匈牙利，午餐是人们当天的主餐。匈牙利的汤种类很多，在吃午餐时，人们要先选一种汤喝，然后吃肉、配菜、沙拉和甜点。晚餐并没有特定的菜肴，除了正式的场合或聚会外，人们一般都是吃剩饭菜或一些清淡的食物。

罗马尼亚

极富特色的地域美食

罗马尼亚可丽饼（clătită）

一种卷有甜味或咸味馅料的鸡蛋煎饼：作为早餐，可以以果酱、蜂蜜或巧克力为馅；作为小吃，可以以咸味奶酪、蔬菜或肉类为馅。

烟熏肉（pastramă）

将用盐水腌制的牛肉熏制后蒸熟而成，切片后搭配酸菜和酱汁食用，或者夹入三明治中享用。

焦盐脆饼（covrigi）

撒有焦盐、芝麻或罂粟子的脆饼。

玉米粥（mămăligă）

玉米粥可以作为番茄酱炖肉（tochitură）等菜肴的配菜。如果待其冷却凝固后切成片，再撒上酸奶油和奶酪，它即成为一道单独的菜。

酸菜肉卷（sarmale）

这道美食被公认为罗马尼亚国菜。这道菜是使用盐水腌制的卷心菜叶或葡萄叶，满满地包入肉末、米饭和洋葱制作而成的。

罗马尼亚炸肉丸（chiftele）

将用马铃薯碎、猪肉碎和香辛料制成的扁平肉丸放入平底锅里煎炸而成。

极富特色的地域美食

匈牙利炖牛肉（gulyás）

其他欧洲国家均有炖牛肉，不过，最有名气的炖牛肉产自匈牙利，其原料有余过的肉、马铃薯、胡萝卜、洋葱、辣椒粉等。

匈牙利可丽饼（palacsinta）

卷入馅料后搭配酸奶油食用。如果其中卷入了切碎的小牛肉，则被称为牛肉可丽饼（hortobágyi palacsinta）；如果卷入巧克力和榛子碎，即成冈黛尔可丽饼（gundel palacsinta）。

蔬菜炖菜（főzelék）

用慢火将各类蔬菜炖熟，并加入酸奶油使其更浓，搭配油炸肉丸（fasirt）或香肠一起食用。

浓汤炖鸡（csirkepaprikás）

甜椒粉炖鸡，搭配鸡蛋面疙瘩（nokedli）或碎鸡蛋面（tarhonya）一起食用。

渔夫汤（halászlé）

使用肥肥的淡水鱼（如鲤鱼、狗鱼、鲶鱼等），以及辣椒粉和洋葱烹制而成。

匈牙利炖肉（pörkölt）

匈牙利人炖肉时会加入辣椒粉、孜然和洋葱。这道菜类似于匈牙利炖牛肉，不过味道更为浓郁。

美食趣多多

匈牙利的腌肉颇有名气。除了经过精细研磨并轻微烟熏的萨拉米（salami）之外，匈牙利还有很多种类的香肠，这些香肠因制作工艺和产区的不同而呈现出很大的差异。

另外，通过烘干红辣椒获得的辣椒粉在匈牙利美食中也几乎无处不在。

意大利

因为拥有琳琅满目的地方美食，意大利的美食体系被认为是世界上最丰富、最多样化的美食体系之一。这里的气候一向有利于种植业和畜牧业的发展，而这里的人们不仅能够将丰富的食材原料通过创意转化为优质的菜肴，还时常使用简单的食材做出大不相同的菜肴。在意大利人的日常生活中，食物处于举足轻重的地位，他们对在商店或市场里吃和买东西总是十分谨慎和苛刻。

早餐、小吃有什么？

意大利人的早餐通常是一顿快餐，人们会根据个人口味选择食物，一般不会缺少面包（或面包干）、黄油、蜂蜜、果酱、饼干、果酱馅饼（crostate）等。如果在酒吧里享用早餐，人们可以喝一杯卡布奇诺咖啡，搭配布里欧修面包（brioche），也可以根据地域差异选用其他餐点。奶油或果酱牛角面包（cornetti）、带有糖粒的威尼斯软饼（veneziana）和葡萄干面包卷，几乎都可以经常见到。

吃小吃的话，一份水果、一块蛋糕、一片涂上烤榛子和可可奶油的面包，或者一个三明治就足够了。在夏季，冰激凌是人们最常吃的小吃。

午餐、晚餐吃什么？

在传统上，午餐被意大利人视为一天中最重要的一餐，至少要有三道菜。现在，在假日期间，人们也多采用这种模式。而在平时，因为中午只有短暂的休息时间，所以人们午餐只来一份搭配了调味酱汁的意大利面、一盘加了鸡蛋或金枪鱼的沙拉，又或者一种搭配有蔬菜的肉类或鱼类菜肴即可。许多意大利人工作日的午餐会选择一个夹有蔬菜、腌肉或其他配菜的三明治。在正式场合，意大利菜的进餐顺序为开胃菜、第一道菜、主菜、配菜和甜点。

在意大利人的晚餐中，意大利面作为第一道菜起着重要的作用，不过，人们还会准备汤或比萨。意大利人经常使用腌肉和奶酪，或者煎蛋和蔬菜来做冷盘。除了特级初榨橄榄油外，意大利人的餐桌上也不会缺少面包棒（grissini）或佛卡夏面包（focaccia）等面包。晚餐通常以一道清淡的甜点（如水果、布丁、奶酪或冰激凌）结束。

意大利北方和南方的甜点迥然不同，著名的甜点有提拉米苏（tiramisù）、意式奶油布丁（panna cotta）、栗子蛋糕（castagnaccio）。提拉米苏是用手指饼干（savoiardi）、马斯卡彭奶酪（mascarpone）、鸡蛋和可可制成的。潘妮托尼面包（panettone）、潘多洛面包（pandoro）和托柔内牛轧糖（torrone）也是意大利常见的甜点。

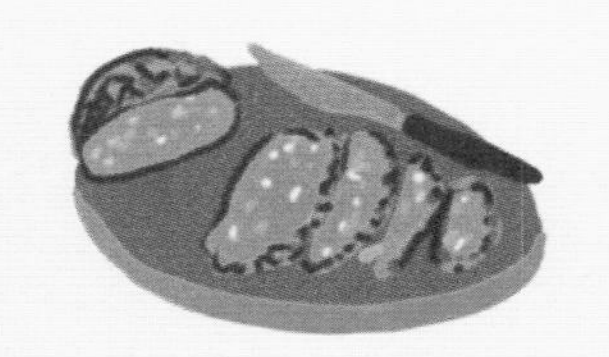

极富特色的地域美食

伦巴第大区

意大利烩饭（risotto）、米兰肉饼（cotoletta alla milanese）、荞麦意面（pizzoccheri）。

瓦莱达奥斯塔大区

搭配了芳提娜奶酪（fontina）的意式炸肉排（cotoletta）。

皮埃蒙特大区

金枪鱼酱小牛肉（vitello tonnato），皮埃蒙特可可布丁（bonet）。

利古里亚大区

风味凤尾鱼（acciughe ripiene）、罗勒松子酱意面（trofie al pesto）。

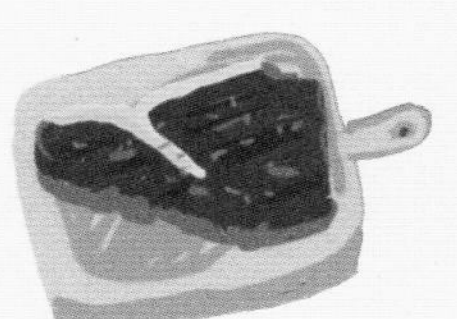

托斯卡纳大区

佛罗伦萨大牛排（bistecca alla fiorentina）、利沃诺鱼汤（cacciucco di pesce）。

翁布里亚大区

烤猪肉（porchetta）、复活节蛋糕（torta di Pasqua）。

拉齐奥大区

培根番茄意大利面（bucatini all'amatriciana）。

坎帕尼亚大区

比萨、海鲜意大利面（spaghetti con frutti di mare）。

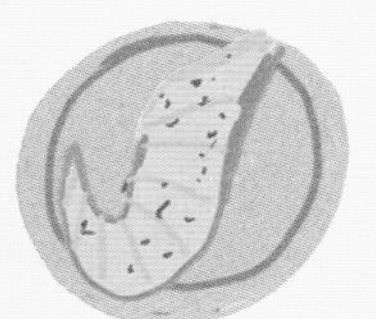

撒丁大区

腌金枪鱼鱼子（bottarga di tonno）、烤龙虾（aragosta al forno）。

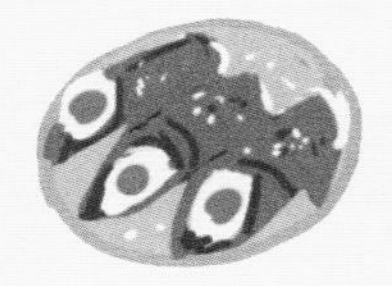

西西里大区

炸饭团（arancini di riso）、奶油甜馅煎饼卷（cannoli di ricotta）。

特伦蒂诺-上阿迪杰大区

大麦汤（minestra d'orzo）、特伦蒂诺大香肠（mortandela）。

弗留利-威尼斯朱利亚大区

奶酪马铃薯饼（frico di patate e formaggio）。

维尼托大区

鳕鱼配玉米粥（baccalà con polenta）。

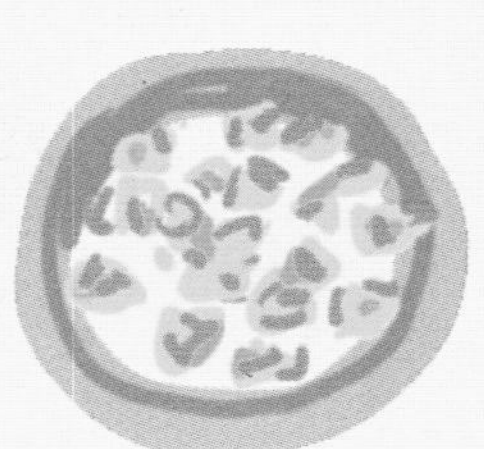

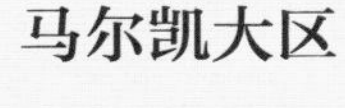

艾米利亚-罗马涅大区

肉汤小馄饨（tortellini in brodo）、博洛尼亚千层面（lasagne alla bolognese）。

马尔凯大区

橄榄镶肉炸丸子（olive all'ascolana）。

阿布鲁佐大区

烤羊肉串（arrosticini）。

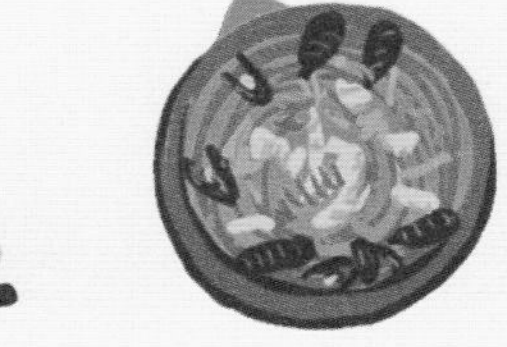

莫利塞大区

贻贝肉酱面（cavatelli al sugo di carne）、番茄海鲜浓汤（brodetto di pesce）。

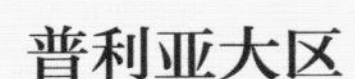

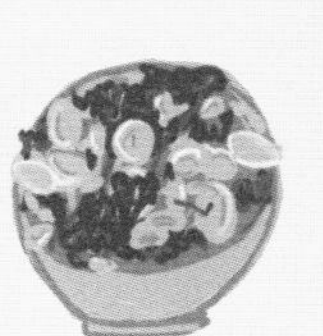

普利亚大区

海鲜马铃薯番茄烩饭（tiella di riso e cozze）、萝卜叶猫耳面（orecchiette con cime di rapa）。

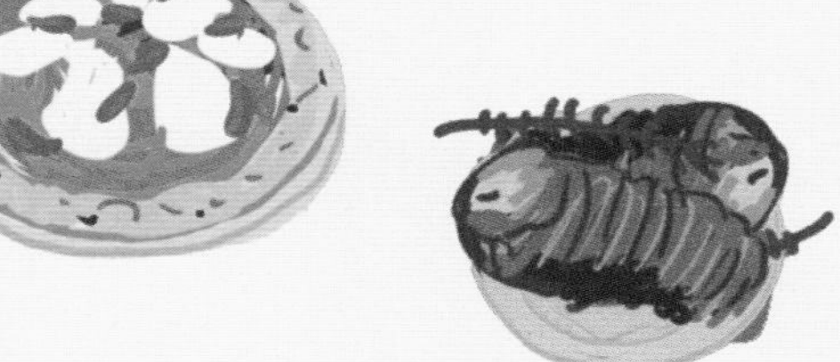

巴西利卡塔大区

面包蔬菜莎拉（acquasale）、烤羊羔肉（gnummeriedde di agnello）。

卡拉布里亚大区

焗肉丸（polpette alla mammolese）、辣肉糜（pesce spada alla ghiotta）。

常备食材有哪些？

除了面包以及各式各样的意大利面之外，意大利人常备的食材还有玉米面、大米、豆类。腌肉有生火腿、萨拉米（salame）、库拉泰罗火腿（culatello）、意式风干牛肉（bresaola）等，奶酪有帕尔马奶酪（parmigiano reggiano）、佩科里诺奶酪（pecorino）、戈尔贡佐拉蓝纹奶酪（gorgonzola）等。当然还有各类蔬菜。意大利人喜欢吃肉，尤其是牛肉。由于意大利大部分领土都被大海环绕，因此鱼肉也很有市场。

塞尔维亚、波黑和克罗地亚

这三个国家属于温带气候，是发展农业的理想之地。几个世纪以来，这里一直由不同的民族统治着，他们各自的风俗习惯现在还能在这三个国家人们的厨房中找到。这个地区的菜肴受到了东罗马帝国、俄罗斯以及中东国家的很大影响。波斯尼亚和黑塞哥维那（简称“波黑”）以及塞尔维亚饮食受宗教的影响较大，而在克罗地亚则会见到奥地利和威尼斯美食，即来自阿尔卑斯山和地中海地区的美食。

早餐吃什么？

除了喝咖啡、茶和牛奶之外，这三个国家的人早餐还可以吃面包、黄油、果酱、酸奶、酸奶油、奶酪、培根、香肠、萨拉米、鸡蛋，或者西夸拉（cicvara，一种玉米粥）、牛奶面包糊（popara，由陈面包搭配牛奶和糖制成）和卡恰马克（kačamak，一种添加了新鲜奶酪的玉米面粥）。

午餐、晚餐吃什么？

这三个国家的人们吃午餐和晚餐时先享用开胃菜，比如自制泡菜（turšija）、腌肉或奶酪，然后可以吃一份清淡的鸡肉（或牛肉）汤或者马铃薯面疙瘩（knedle），为品尝随后的菜肴（主要是肉类菜肴）做好准备。

这三个国家都流行酥皮面点，如：千层糕（gibanica），里面加有浓厚奶油（kajmak）和鸡蛋；博雷克饼（burek），里面塞满肉末、香辛料、奶酪等。

在波黑，咸味馅饼都被称为皮塔饼（pita），有马铃薯饼（krompiruša）、菠菜饼（zeljanica）等。烤肉也非常受欢迎。

塞尔维亚的国菜是烤肉饼（pljeskavica）：将肉末在烤架上烤熟后配索蒙（somun，一种大饼）食用。而对于美味的烤串（ražnjići），肉、洋葱、辣椒都是必不可少的搭配。米饭肉卷（sarma）是受了土耳其饮食影响的菜肴。

在克罗地亚，除了要加入橄榄油、香草（如迷迭香、鼠尾草、牛至）和香辛料（如肉豆蔻）之外，人们还会采用烤、炸和炖等多种烹饪方式烹制海鲜。

极富特色的地域美食

铁锅奶酪煎肉排（karađorđeva šnicla）

裹着面包屑的煎炸肉排，其中夹有浓厚奶油和培根，搭配鞑靼酱汁（tartara）和烤马铃薯一起食用。

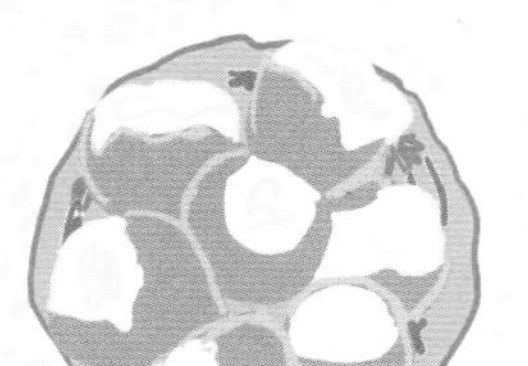

酿青椒（paprike sa sirom）

青椒中塞有鸡蛋和佩科里诺奶酪，在烤箱里烤熟后，撒上浓厚奶油。

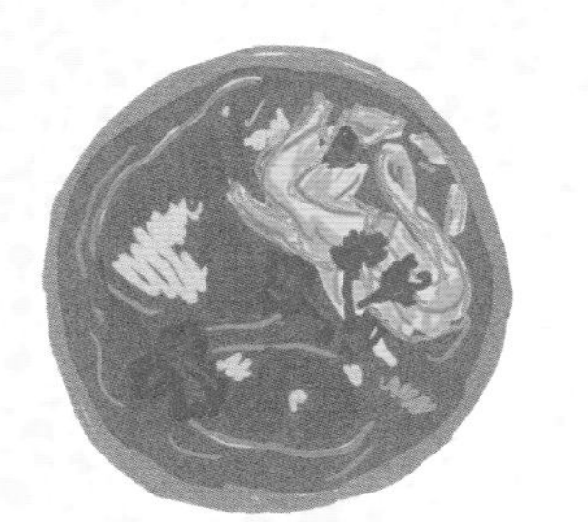

辣椒炖鱼（riblji paprikaš）

炖鲤鱼和白斑狗鱼，用辣椒酱调味。

先生奶酪（sir）

在这三个国家的奶酪中，这种奶酪是最受欢迎的。它类似于菲达奶酪（feta），具有酸味和颗粒感，是用绵羊奶、山羊奶、牛奶或混合奶制成的长方形奶酪。

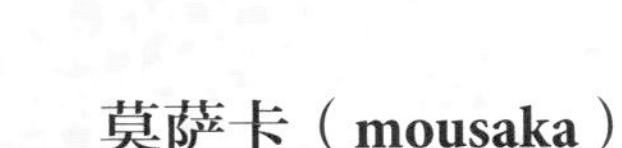

果馅面疙瘩（knedle sa šljivama）

使用马铃薯泥包裹上李子做成。

哈尔瓦酥糖（halva）

一种比较松脆的甜点，使用芝麻酱、葵花子（或开心果仁）、蜂蜜（或糖）制成。

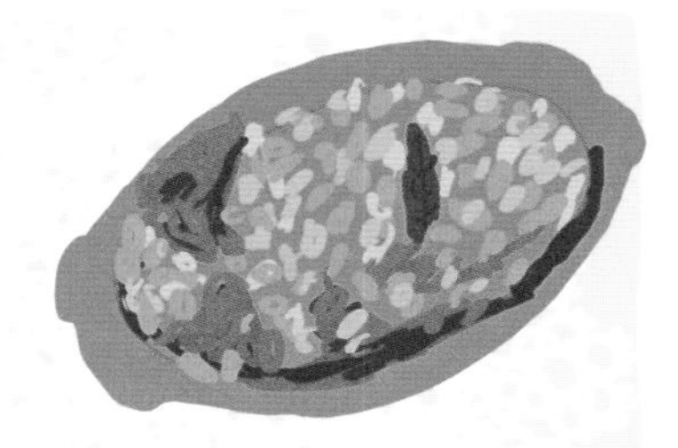

豆子炖肉（pasulj prebranac）

使用肉类和豆子炖制而成。

酸菜炖肉（svadbarski kupus）

将酸菜和烟熏肉片放入陶制器皿内小火慢炖而成。这道菜常用于节庆和婚礼。

塞尔维亚红米饭（djuvec）

一种混合了蔬菜、肉丁的米饭。

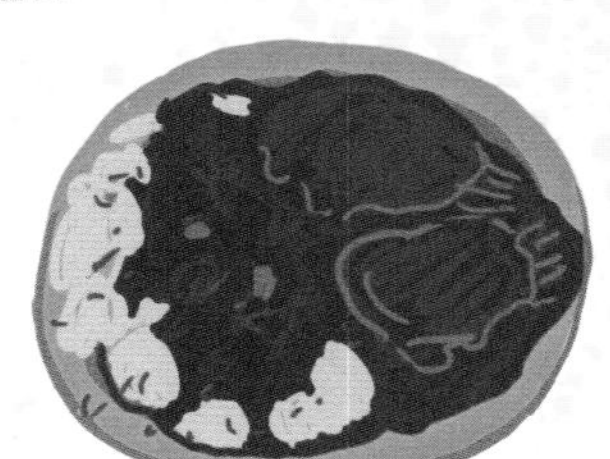

炖牛肉（pašticada）

一种版本繁多的克罗地亚精美菜肴，它是加入香辛料和蔬菜炖煮的腌制牛肉。

莫萨卡（mousaka）

这是在整个巴尔干半岛和中东地区都很流行的茄子肉酱千层饼。

蜜糖果仁千层酥（baklava）

西亚地区常见的甜点。这是一种用酥皮夹上由碎坚果、蜂蜜（或糖浆）制成的馅料的糕点。

奶油乳蛋糕（krempita）

一种方形油酥点心，以卡仕达酱和奶油制作而成。

薄煎饼（palačinke）

一种法式薄饼，其馅料可达上千种。

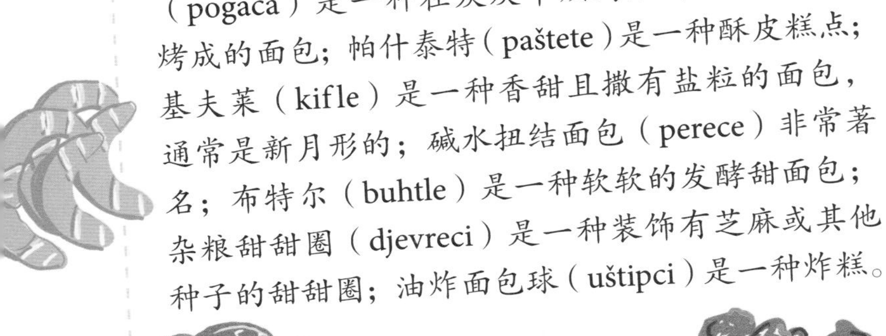

这三个国家的面包和糕点种类很多：波加查（pogača）是一种在炭灰中烘烤后再放入烤箱中烤成的面包；帕什泰特（paštete）是一种酥皮糕点；基夫莱（kifle）是一种香甜且撒有盐粒的面包，通常是新月形的；碱水扭结面包（perece）非常著名；布特尔（buhtle）是一种软软的发酵甜面包；杂粮甜甜圈（djevreci）是一种装饰有芝麻或其他种子的甜甜圈；油炸面包球（uštipci）是一种炸糕。

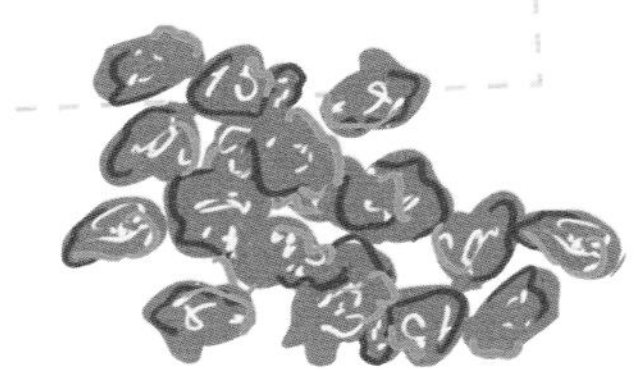

美食趣多多

圣诞面包（česnica）是塞尔维亚人在平安夜晚餐时分享的一种圆形面包。据说，发现藏在面包里的硬币的人，会在下一年里幸福平安。

阿尔巴尼亚和保加利亚

这两个国家的饮食差别很大。

阿尔巴尼亚靠近大海，这里的人们以蔬菜、油和鱼为主料烹制的菜肴通常是地中海口味的；不过在山区，阿尔巴尼亚人也保留了他们古老的传统，大量使用野生食材。

保加利亚人代代相传的传统则受到了该国与其邻国（特别是土耳其、希腊和其他巴尔干半岛国家等）关系的影响。

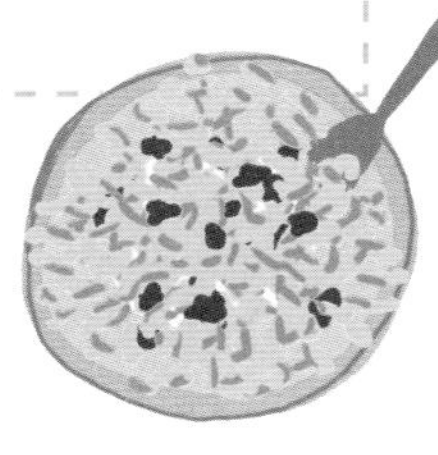

早餐吃什么？

在阿尔巴尼亚，早餐一般为面包、黄油、酸奶、纯牛奶、奶酪、果酱、橄榄，人们还会喝咖啡、红茶，特别是一种野生的山茶。和保加利亚人一样，人们还可以吃冷汤、特拉哈纳（trahana，一种将小麦和奶类制品混合发酵后脱水制成的食物，加入水或牛奶作为汤食用），以及博萨（boza，一种使用麦芽、玉米和小麦制成的发酵饮料）。阿尔巴尼亚人早餐也吃大米制成的食物，大米布丁（tambëloriz 或 sultjash）就是用米饭和牛奶、肉桂一起烹制而成的。

在保加利亚，人们的一天从保加利亚奶酪派（banitsa）开始，这是一种放有鸡蛋和塞林奶酪（sirene，类似于菲达奶酪）的酥皮馅饼。油炸饼（mekitsa）也很常见，是将用面粉、鸡蛋和酸奶做成的发酵面团煎炸后，撒上糖霜制成的，配上果酱、蜂蜜、酸奶食用。

午餐、晚餐吃什么？

在这两个国家，午餐是人们一天的主餐，其中，用小麦或玉米制作的面包必不可少。而且如中东国家的午餐一样，在主菜之前往往会先同时上一系列开胃菜：沙拉、泡菜、腌肉、烤蔬菜等。晚餐则比较清淡，和早餐类似。

在保加利亚，最受欢迎的沙拉之一是乡巴佬沙拉（shopska），其原料包括黄瓜、番茄、洋葱、青椒和塞林奶酪。在众多开胃菜中，最受人们欢迎的是辣味萨拉米（lukanka）、辛辣蔬菜酱（ljutenica，以番茄、茄子和红辣椒为主料制作的酱料，可以涂抹在面包上食用）和切成片的卡什卡瓦尔奶酪（kashkaval）。保加利亚酸奶（kiselo mlyako）是闻名遐迩的食物之一：它从早餐开始就被摆在餐桌上，然后作为配菜，与酱汁、饮料等一起伴随着所有餐食。

在阿尔巴尼亚，人们吃用油酥面团制成的、内有各类馅料的咸味糕点和皮塔饼。这些都是民族特色美食！

酸奶黄瓜汤（tarator）

两国共有的一种用黄瓜和酸奶搭配大蒜、莳萝和核桃等做成的冷汤。

阿尔巴尼亚

极富特色的地域美食

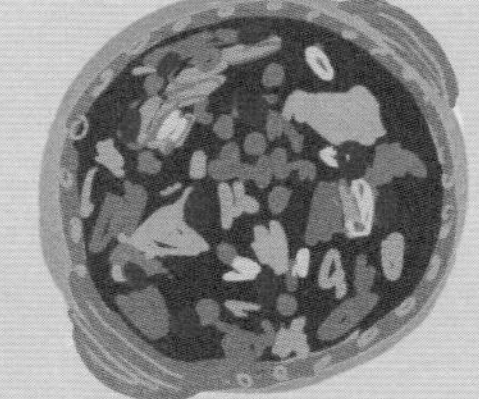

奶酪烤菜（fërgesë）

这是将红辣椒、洋葱、番茄、菲达奶酪、酸奶等食材放入瓦罐中烤制而成的一道菜。

葡萄叶包饭（japrak）

葡萄叶里卷有米饭、洋葱和剁碎的烤肉。

蔬菜炖肉（gjellë）

这道菜搭配沙拉和新鲜蔬菜、煎鸡蛋等食用。这是只在午餐时享用的一道菜。

凯巴帕肠（qebapa）

这是一种没有肠衣的烤肠，用牛肉或羊肉制成，吃的时候搭配面饼、洋葱、酸奶和甜椒酱（ajvar）。

阿尔巴尼亚千层饼（flia）

一种多层咸味薄饼，在烤箅（sač，一个特殊的罩子，上面覆盖着碳灰，如同小烤箱一样）下烹制而成。

保加利亚

极富特色的地域美食

牛肚汤（shkembe chorba）

加入少许牛奶、辣椒粉、醋、大蒜和辣椒烹饪的牛肚汤。

豆汤（bob chorba）

一种被认为是保加利亚国菜的汤，用干豆、番茄、洋葱、胡萝卜和香辛料制成。

砂锅料理（güveç 或 đuveč）

类似于普罗旺斯炖菜，它的食材包括香草、洋葱、橄榄、番茄、蘑菇、茄子、马铃薯、胡萝卜和辣椒粉等。

卡瓦尔马炖菜（kavarma）

这道菜是将煎好的鸡块或猪肉片和番茄酱、香辛料一起放入砂锅中炖煮而成的。

莫萨卡（moussaka）

一种馅饼，由马铃薯、肉末、番茄制成，浇上牛奶和鸡蛋酱后食用。

烤肉肠（kebapche）

将加有香辛料的肉末制成香肠状烤制而成，不同于科夫塔（kyufte，一种用肉末制成的肉丸）的是，这道菜不含洋葱。

泡菜（turshiya）

在保加利亚，泡菜是不容错过的美食，每个家庭都以能够做好泡菜而自豪。

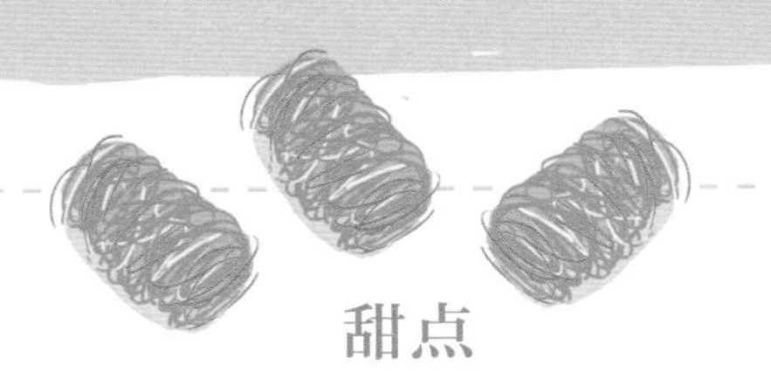

甜点

这两个国家常见的甜点是千丝糕（kadaif），一种名字可直译为“天使的头发”的甜点，上面淋有糖浆或蜂蜜。酥皮糕（pandispanjë）是一种由面粉、鸡蛋和糖制成的软糕点，通常配有各种馅料（如果酱）。

美食趣多多

在阿尔巴尼亚，香草是非常重要的，人们种植并出口大约250种香草。

在保加利亚，kebab 这个词并没有“烤肉串”的意思，它用来指一类炖菜，比如加入菠菜和洋葱炖煮的炖羔羊肉，或者加入豆子和酸菜炖煮的炖猪肉。

希腊

希腊干燥的气候促进了葡萄、橄榄和小麦的种植。这个国家被大海包围着，所以人们的餐桌上有很多海鲜。在夏天，这里有很多鲭鱼、鱿鱼、章鱼、箭鱼可供食用。这些海鲜菜肴在爱琴海地区都很常见。

早餐吃什么？

如今，希腊人的早餐主要是咖啡和干面包片蘸牛奶，人们也会喝凉茶，吃煮熟的鸡蛋和特拉哈纳。

午餐、晚餐吃什么？

希腊人一天的主餐是午餐，晚上可以吃中午的剩饭。

希腊人午餐吃传统的希腊芝麻面包圈（koulouri thessalonikis），这种面包圈上面撒有芝麻，可以配上奶酪和橄榄食用。人们还可以享用由油酥面团、菠菜和菲达奶酪制成的咸味馅饼。

常备食材有哪些？

通常，希腊人常备的食材有特级初榨橄榄油、橄榄、番茄、茄子、马铃薯、青椒、洋葱、大蒜、山羊肉、绵羊肉、鱼、酸奶、蜂蜜、杏仁、葡萄干、牛至、百里香、迷迭香、罗勒、欧芹、香菜、莳萝、茴香、鼠尾草、薄荷、肉桂、肉豆蔻、胡椒、芝麻、丁香等。

极富特色的地域美食

开胃菜

希腊人的开胃菜有很多种，例如：泡菜，橄榄，用葡萄叶包裹米饭或肉末做成的葡萄叶包饭（dolmades），里面夹有肉、蔬菜或奶酪的油酥糕点——皮塔基亚（pitakia），加了大蒜的希腊式茄子蘸酱（melitzanosalata，通常用于冷盘）。

羊内脏烤串

主料为羊脾、羊肠等羊内脏的烤肉串。

希腊式烤肉（gyros）

人们把穿在铁扦子上烤熟的肉拔下来，放在皮塔饼中，加上调料后卷起来食用。

莫萨卡（moussaka）

搭配肉酱、奶酪和白酱制成的茄子肉酱千层饼。

希腊烤串（souvlaki）

通常是烤肉串或烤鱼串。

希腊式沙拉（horiatiki）

一种用番茄、黄瓜、洋葱和菲达奶酪制成的沙拉。

希腊酥皮卷（bourekakia）

一种加有馅料的酥皮卷。

芝麻糕（khalvàs）

一种方形芝麻糕点，加有杏仁（或开心果）、肉桂、丁香。

蜜糖果仁千层酥（baklava）

一种用油酥面团制成的甜点，裹满蜂蜜，撒有干果。

希腊式肉丸汤（giouvarlakia）

这道汤的肉丸中加入了大米，需要使用柠檬鸡蛋酱汁对汤进行调味。

油柠檬酱鱼汤（psarosoupa）

一种加入了油柠檬酱以及胡萝卜、马铃薯等蔬菜的鱼汤。

奶酪是希腊人饭桌上最大的主角，主要有菲达奶酪（呈颗粒状，有酸味，由羊奶制成）、凯斯利奶酪（kasseri）、凯发罗特里奶酪（kefalotyri，使用时需要刨丝）、格拉维拉奶酪（graviera，一种羊奶奶酪）等。

美食趣多多

在希腊的葬礼上，人们可以吃科利瓦（kollyva）。它以煮熟的小麦为主料，混有葡萄干、核桃仁和石榴子，搭配希腊咖啡食用。

乌克兰、白俄罗斯和摩尔多瓦

这三个国家的饮食有一个共同点，就是有各种汤，其中最著名的是罗宋汤。罗宋汤中有肉和香草，而且由于使用了甜菜根和番茄，所以呈深红色。罗宋汤原产于乌克兰，搭配酸奶油和蒜蓉香草面包（pampushka，一种松软的圆形面包，烤制而成）食用。还有一种绿色的罗宋汤，它是用白花酢浆草和绿叶蔬菜（如菠菜）等烹饪而成的，适合搭配熟鸡蛋和酸奶油一起食用。另一种常见的汤是奥克罗什卡（okroška），它是使用马铃薯、洋葱、黄瓜、鸡蛋、肉类和格瓦斯制成的。这三个国家也有品种多样的煎饼：马铃薯洋葱饼（draniki）是白俄罗斯的一道国菜，使用马铃薯碎和洋葱碎制成，在乌克兰被称为 deruny；奶酪煎饼（syrniki）是使用新鲜奶酪和鸡蛋制成的，配上果酱和奶油或者塞满水果后食用，它还有咸味的版本。

乌克兰 极富特色的地域美食

马铃薯面疙瘩（galushki）

使用面粉和马铃薯做的丸子，可以放入肉汤中，并搭配酸奶油食用。如果使用牛奶将它煮熟，则可以作为早点食用。

卷心菜肉汤（kapusnyak）

用卷心菜和猪肉炖成，配上斯美塔那酸奶油（smetana，一种发酵奶油）食用。

果干饮料（uzvar）

一种非常受欢迎的自制饮料，使用果干制成。

杂拌汤（solyanka）

一种酸辣汤，汤中加入了肉、蘑菇、蔬菜，甚至还有鱼。

烘焙牛奶（pryazhene moloko）

加热时间较长的牛奶，呈奶油状。已经发酵的烘焙牛奶被称为 ryazhenka。

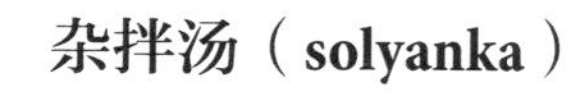

罗索尔尼克汤（rosolnyk）

一种以酸黄瓜为基本原料烹制的汤。

白俄罗斯

极富特色的地域美食

波兰饺子（pierogi）

饺子里可以包入各种馅料，如马铃薯馅、肉馅、奶酪馅、水果馅等。

小酥饼（pirog）

这种馅饼有各种馅料，主要是肉类和蔬菜。所用面团为油酥面团或发酵面团。有一道美食和它名称相似，就是皮罗什基（pirožki）。那是一种小型佛卡夏面包，里面夹有肉或蔬菜，也有里面放有水果或乳清奶酪的甜味版本。

菜卷（holubtsi）

在新鲜的或腌制的卷心菜叶内塞满肉、大米（或荞麦）和马铃薯制成，搭配番茄酱或酸奶油食用。

白俄罗斯可丽饼（nalysnyky）

一种薄薄的煎饼。如果做得较厚的话，则被称为mlyntsi。这种煎饼里可以夹酸奶酪、肉、卷心菜、水果，总是搭配酸奶油食用。

卡夏（kasha）

卡夏既可以指荞麦，也可以指两种或更多种谷物混合制成的菜肴。作为菜肴的卡夏中液体的含量，决定了它用作配菜还是主菜。

奥利维尔沙拉（salat olivye或olivier salad）

这原是著名的俄罗斯沙拉，以马铃薯、胡萝卜、煮熟的豌豆混合蛋黄酱、煮鸡蛋、洋葱、泡菜制成。它有各种各样的版本，白俄罗斯就有一种。

摩尔多瓦

极富特色的地域美食

杂拌汤（soljanka）

使用猪肉、黄瓜、腌肉和番茄制成的汤。

摩尔多瓦鸡汤面（zeamă）

这种鸡汤面是摩尔多瓦的国菜。

博斯汤（borş）

博斯（borş）也表示一种酸味液体，它是麸皮、小麦或大麦发酵产生的，是制作博斯汤所必需的。

玉米粥（mămăligă）

玉米粥可以与新鲜奶酪或酸奶油一起食用，或作为早餐粥食用。它也可以作为一道配菜，搭配浓稠的蔬菜炖肉食用。

烤肉串（frigarui）

将肉和蔬菜（如辣椒）交替着在扦子上穿好，置于烤架上烤熟。

摩尔多瓦奶酪饼（placinte）

将饼坯轻微发酵后在烤炉中烤熟，可以用奶酪、鸡蛋、香草、马铃薯作为馅料。

美食趣多多

乌克兰人不仅将鸡蛋作为烹饪的食材，他们还会在鸡蛋上雕刻或绘画，并将其作为装饰品保存。这些彩蛋整年里都保持着栩栩如生的样子。

俄罗斯

俄罗斯横跨欧洲和亚洲，是世界上面积最大的国家。不过，其大约一半的区域是无人居住的。俄罗斯传统的饮食文化同那里的气候和历史一样丰富多彩。每年较长时间的严寒以及规模庞大的粮食种植业，在其全国范围内随处可见。俄罗斯最常见的菜肴虽然简单却营养丰富，都是以可在冬季保存的食材为原料烹制的。一些从沙皇皇宫传出来的菜肴极富美味，如斯特罗加诺夫牛肉(manzo alla Stroganoff)和奥利维尔沙拉。

早餐吃什么？

在俄罗斯，人们可以尽可能多地睡懒觉，因为即使到了早晨，也还有段时间天是没有亮的。人们早餐可以喝甜红茶、黑咖啡或拿铁咖啡。一份快餐式早餐包括一片黄油面包和一些香肠。如果时间充裕，人们会准备卷着香肠、抹了辣椒酱的煎蛋饼，粗面粉糊，牛奶煮的燕麦粥，以及布林尼饼（bliny，一种发酵煎饼），等等。布林尼饼可以配上果酱、乳清奶酪、炼乳、蜂蜜或酸奶油食用；如果是咸味的布林尼饼，里面可夹上炒卷心菜、肉末、酸奶油。和布林尼饼一样受欢迎但更为厚实的煎饼是奥拉杜什基饼（oladushki）。另外，也可以吃格伦基（grenki），这是一种将面包片在蛋黄和糖液中浸泡后油炸而成的食物。

午餐、晚餐吃什么？

俄罗斯人午餐和晚餐的进餐顺序一般是这样的：一道冷开胃菜，一道热汤，然后是肉（或鱼）、马铃薯、面条（或米饭）。饮品是红茶和格瓦斯。汤对俄罗斯人是如此重要，以至于被分成了七类。在俄罗斯，即使是开胃菜也可以变成视觉和味觉的盛宴，清淡、美味并且还有一点酸度的食物，可以完全激发人们的食欲。开胃菜主要是冷菜，但也有热菜。它如此多样，以至于最后往往会变成一顿完整的餐食。当然，即使是在俄罗斯，人们也可以吃到一顿快餐：填充了美味馅料的煎饼、汉堡包、烤马铃薯、比萨、烤鸡。

俄罗斯几乎到处可见的街头食品有俄式烤肉串（šašlyk），主料是用洋葱、香草和醋（或其他酸性液体）腌制的羊肉、牛肉或猪肉，可以与石榴酱、黄瓜沙拉和面包一起食用。

极富特色的地域美食

开胃菜

俄罗斯人的开胃菜有一个连续而精确的进餐顺序，依次是鱼类菜肴（如鲱鱼和洋葱、鲑鱼、鱼子酱）、肉类菜肴、沙拉、鸡蛋、腌蘑菇、其他蔬菜、果酱、芥末、辣根、奶酪、三明治、肉冻。

汤

最常见的汤有使用格瓦斯做汤底的奥克罗什卡，还有使用卷心菜做成的汤，例如俄式卷心菜肉汤（šči），它是使用腌制卷心菜、新鲜卷心菜、白花酢浆草、牛肉汤制成的，搭配酸奶油和黑面包片食用。其他的汤特色都不是很鲜明，比如拉索尔尼克汤（rassol'nik），使用肉汤制成且有酸味，汤中配有腌黄瓜、马铃薯、谷物、香草等。

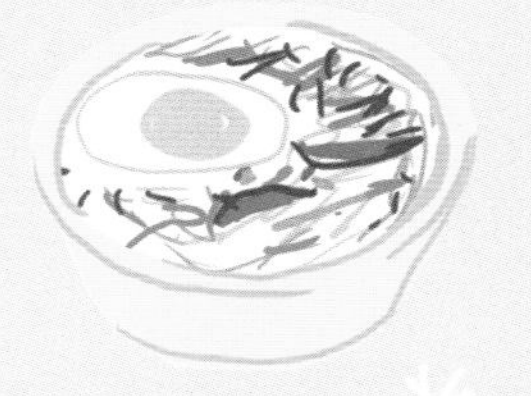

鲍罗津斯基面包（Borodinskiy khleb）

在俄罗斯的众多面包品种中，具有典型酸味的由黑麦制成的鲍罗津斯基面包是最常见的，其形状类似长方体，切成片后食用。

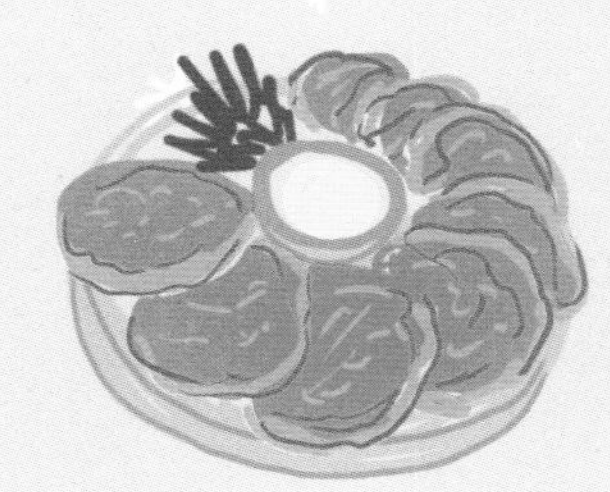

马铃薯洋葱饼（draniki）

以马铃薯和洋葱为原料制成的煎饼，搭配酸奶油食用。

俄罗斯饺子（pelmeni）

一种肉馅饺子，配黄油或酸奶油食用。它们通常会被大量制作，在冷空气中自然冷冻，然后装在袋子里悬挂储存。

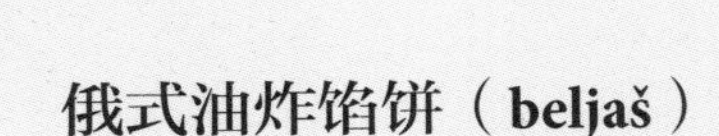

俄式油炸馅饼（beljaš）

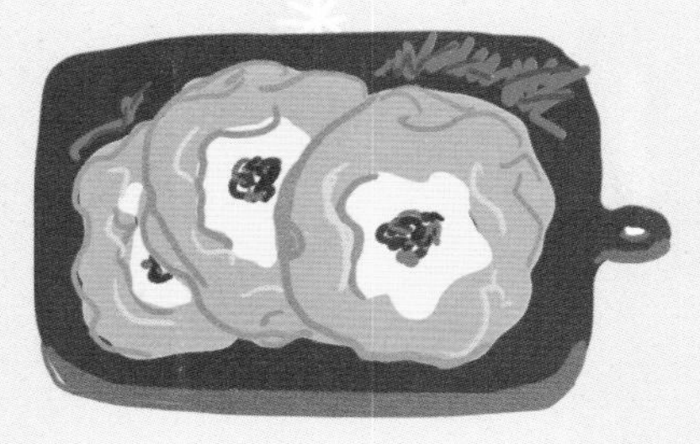

以肉末和马铃薯为馅的油炸馅饼。

科尔巴萨香肠（kolbasa）

俄罗斯人对科尔巴萨香肠感到非常自豪。它有很多品种，如经过水煮的瓦良纳亚香肠（varyonaya），煮熟后再熏制的瓦尔约诺－科普奇亚纳亚香肠（varyono-kopchyanaya）。

常备食材有哪些？

俄罗斯人常备有各类蘑菇，以及醋泡菜、腌菜或发酵蔬菜（如酸菜）。其他发酵食品有格瓦斯和开菲尔（kefir）。开菲尔一般指一种流动性很强的乳饮料，用牛奶制成，呈白色。还有一种用水制成的水开菲尔，颜色较为清澈。

复活节是俄罗斯人一年中最重要的节日。在这个时候，人们需要制作复活节甜面包（kulič）。它的样子类似于潘妮托尼面包，加入果干和蜜饯制成，以糖液和鲜花装饰。而普里亚尼克（prjanik）则是一种典型的节日蛋糕。

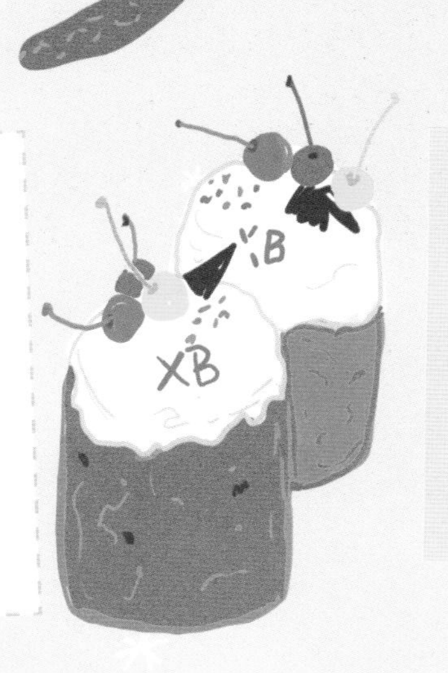

美食趣多多

红茶是俄罗斯一种不含酒精的国民饮品。对于俄罗斯人来说，一天之中任何时间都可以将热水倒入茶壶中去冲泡红茶。红茶一般趁热喝，味道非常浓郁，可以加糖、蜂蜜或果酱增甜。

美洲

加拿大

加拿大是世界上领土面积第二大的国家。在这里，源自欧洲地区的饮食传统（如意大利的、英国的、斯堪的纳维亚半岛的、波兰的、德国的、丹麦的、爱尔兰的、乌克兰的，尤其是魁北克地区的法国人的）、源自犹太人的饮食传统与来自美国的饮食传统产生了激烈碰撞，和谐共存。有一些菜肴在加拿大全国各地都能看到，但是每个地区又有各自的由来自世界各地的移民带来的丰富菜肴。另外，当地的土著居民通过狩猎活动及采摘活动获得的食材，极大地丰富了加拿大的饮食体系。

早餐吃什么？

对于加大拿人来说，早餐很重要，其中，牛角面包、玛芬蛋糕（muffin）和贝果（bagel）是不可或缺的。而浇上枫糖浆（加拿大是世界上最大的枫糖浆生产国）的煎饼和法式吐司（french toast，将面包片在蛋液中浸泡之后再煎至两面金黄），他们主要是在周末享用，因为这两种美食需要较长的烹制时间。加拿大人在早餐时还会喝牛奶，有时还会吃麦片、水果酸奶冰沙。

甜点

加拿大人最引以为傲的甜点应该是无须烘焙的纳奈莫条（Nanaimo bar）了。它深受大众喜爱，也因此成为加拿大的国菜之一。这是一种小方块状的分层蛋糕，底层是饼干碎，中间一层是奶油，顶层是化开的巧克力。黄油挞（butter tart）也是加拿大的一道国菜，是一种以鸡蛋、糖、黄油和糖浆等为原料，经烤箱烤制而成的酥皮甜点。糖派（sugar pie）很受加拿大人欢迎，是以黄油、奶油、糖和枫糖浆等为原料制作的。因纽特冰激凌（akutaq 或 xoosum）是加拿大最典型的冰激凌，也是阿拉斯加地区常见的冰激凌，使用浆果、乳化奶霜和动物（如海豹、驯鹿或鲸鱼）脂肪制作而成。（编者注：在加拿大，捕杀海豹、鲸鱼是合法的。中国已加入国际捕鲸委员会，禁止商业捕鲸。）混合浆果派（bumbleberry pie）的馅料里至少有三种浆果，也会放其他蔬果（如苹果）。

极富特色的地域美食

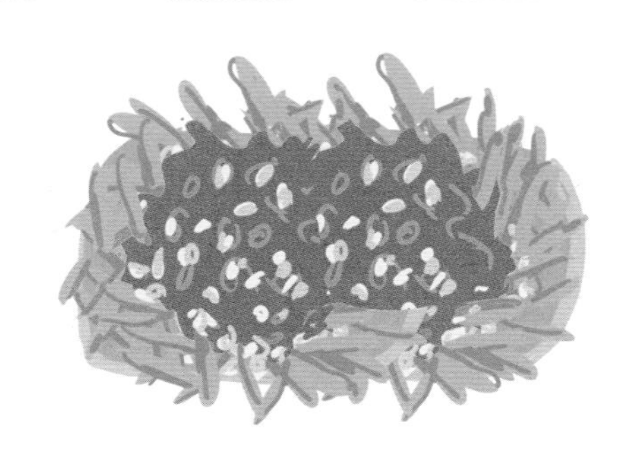

肉汁奶酪薯条（poutine）

这是一道在炸薯条上撒上奶酪凝乳，再浇上肉汁制成的民族特色菜肴。

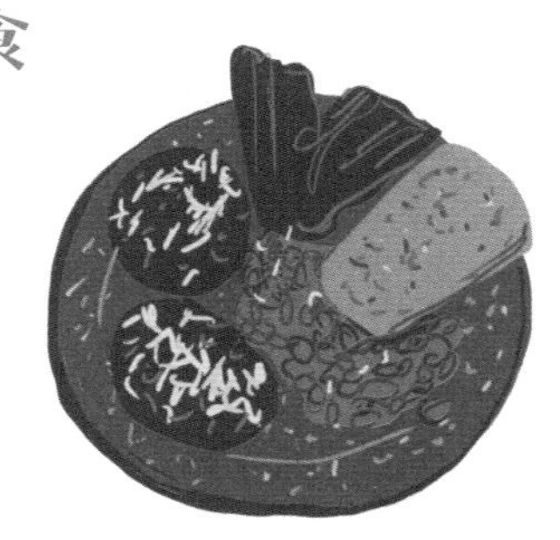

干肉糜饼（pemmican）

这是地道的本地菜，现在仍然很受欢迎。它是用切碎的肉干制成的，有时会加入浆果。

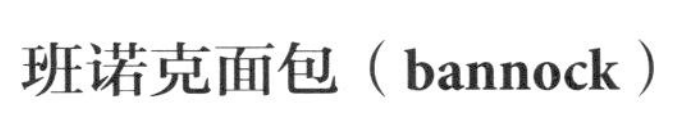

班诺克面包（bannock）

这是使用面粉、糖、牛奶、猪油等制作的饼状面包，是在烤箱中烤制而成的。它是加拿大原住民和北极土著居民最具代表性的食物，然而其制作配方其实是由欧洲人带入加拿大的。

蒙特利尔风味的贝果（Montreal-style bagels）

是犹太人研制了这种贝果。后来，一些犹太人把它带到了加拿大。这种贝果是用紧致的面团制作的，撒有芝麻或罂粟子，在烤箱里烤制而成。熏肉（smoked meat）是另一道代表蒙特利尔风味的犹太菜肴：熏制的牛肉搭配芥末和黑麦面包一起食用。

鲸皮和鲸脂（muktuk）

加拿大人拿鲸皮和鲸脂当小吃的习惯源于因纽特人，过去它们是最受因纽特人欢迎的小吃之一：可以生吃，或者裹满面包屑并油炸后，搭配酱油食用。如今，捕杀濒临灭绝的鲸鱼被公认是错误的，但鲸肉几乎贯穿着所有北极人的美食史。

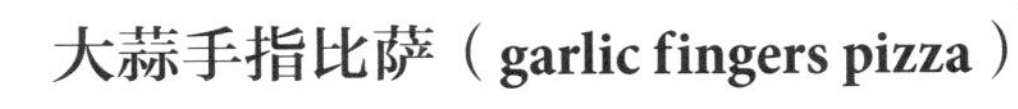

大蒜手指比萨（garlic fingers pizza）

加拿大人也有他们自己的比萨，它们通常是用大蒜、黄油、欧芹、奶酪调味的。

美食趣多多

魁北克地区拥有一个非常古老的特色烹饪传统：每当进入“枫糖季”后，当地人会进入位于树林里的“小屋”（即一个小型的手工制糖厂），在那里加工枫糖浆。那时，人们可以与朋友一起享用乡村美食——炒鸡蛋、炖豆、火腿、油炸熏肉条（oreilles de crisse）、煎猪皮、培根烤肉、泡菜和糖派，毫不吝啬地用枫糖浆搭配几乎所有食物。在这欢乐的时刻，传统习俗是坐上马拉的雪橇到处闲逛，手里拿着刚刚用热枫糖浆做成的棒棒糖或枫糖太妃糖（maple taffy），使其在寒冷的风雪中冷却凝固。

美 国

在过去的五百年里，美国这片辽阔的土地接纳了无数来自世界各地的移民。他们传统的菜肴在这里融合、变化，美国也因此获得了“世界美食厨房”的美誉。另外，美国的饮食体系中还有来自原住民（即在欧洲人到来之前居住在这片土地上的人们）的菜肴。同时，多样的气候也影响了美国各州人民的饮食习惯。

美国的大多数菜肴都源自欧洲：想想那些由新英格兰和密西西比河三角洲登陆的第一批移民（前者为英国人、荷兰人，后者为法国人、西班牙人）带来的菜肴吧！不过，这些菜肴经历了如此之多的改造，以至于我们现在完全可以说它们就是正宗的美国本土菜肴了。说到美国的饮食体系，就不得不谈及犹太人、中国人和意大利人的传统菜肴对它的影响。比如，除了意大利面之外，意大利移民还带来了比萨，而且美国人每天都在尝试用最奇异的调味品对比萨进行改造。今天，大多数美国人都深信比萨是美国原产的美食！

早餐、小吃有什么？

对美国人来说，每天的第一顿饭非常重要。从可以浇上枫糖浆的多层薄煎饼到培根鸡蛋，再到牛奶玉米片和水果酸奶，甚至是周日的早午餐（早餐和午餐合在一起吃），美国各家各户的早餐差别都很大。不过，美式咖啡在美国人的生活中是不可或缺的，他们每年咖啡的需求量非常大。

苹果派（apple pie）算是美国的国菜了。这是一种苹果馅饼，通常配着奶油冰激凌一起吃，而几乎每个美国家庭都有自己做苹果派的秘密配方。奶酪蛋糕也很有名气，这是一种在饼干碎上放上新鲜奶酪和水果做成的蛋糕。

美国的小吃有很多种，咸味和甜味的都有，比如玉米爆米花和棉花糖。

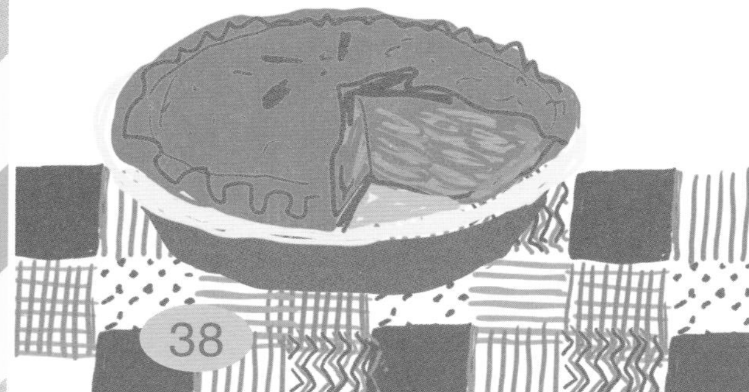

午餐、晚餐吃什么？

通常情况下，美国人的午餐就是一顿快餐，可以吃三明治、大份沙拉、汉堡包（hamburger，一种由三明治面包夹着肉饼、生菜、奶酪、洋葱、番茄酱等组成的食物，是世界上最著名的菜肴之一）等。在人们为感恩节准备的各类美食中，有两道美国饮食文化的标志性菜肴：一是塞满栗子或玉米等的火鸡，搭配蔓越莓或蔓越莓果酱食用；一是南瓜派，这也是一种典型的秋季时令甜点。

食品工业在美国人的日常烹饪中发挥着重要作用：从冷冻食品到微波食品，美国食品工业一直致力于开发即食食品，民众只需将这些食品从冰箱中取出进行简单的加工即可食用。

晚餐的话，从店里打包食物回家，或者直接在家点外卖，在美国已经很普遍。

东北部地区的特色美食

康涅狄格州、缅因州、马萨诸塞州、新罕布什尔州、罗得岛州、佛蒙特州

这个地区的饮食是原住民的饮食与英国移民的饮食融合而成的。

现今，这里的菜肴相对而言比较简单，并且热量不是很高，用到的食材主要有香料、果酱、虾蟹、贝类、鱼，以及可以烘烤或熏制的家禽和野味。青玉米粒煮利马豆（succotash）是第一批移民使用了他们当时尚不了解的食材制作的菜肴之一，是用玉米、豆子、辣椒和番茄制成的一种炖菜。

螺式煎饼（funnel cake）

这是一种源自北欧的煎饼，美国人在开户外派对、观看体育赛事、参加节日活动时经常会带上它。制作这种煎饼所用的材料有面粉、黄油、牛奶、酒、鸡蛋、油。它看上去就像一些细面条卷曲缠绕在了一起。

蛤蜊浓汤（clam chowder）

这是一道具有新英格兰特色的浓汤。它是以蛤蜊为主料，加入肉汤、洋葱、马铃薯炖成的。美国人通常还要放入猪油、牛奶或奶油一起炖煮。

龙虾三明治（lobster roll）

这是一种在松软的面包中夹上龙虾和调味蛋黄酱制成的三明治，配上炸薯条食用。这道美食虽然起源于缅因州，但在美国所有地方都很受欢迎。

布法罗辣鸡翅（Buffalo wing）

这道美食是将炸鸡翅涂上加入了黄油、醋、黑胡椒等的辣椒酱后制成的，现在它在美国各地都很受欢迎。

越橘（cranberry）

这是一种生长在树林中的类似于红树莓的果实，可以用它制作果汁，或者制成果干后添加到甜点和沙拉中。

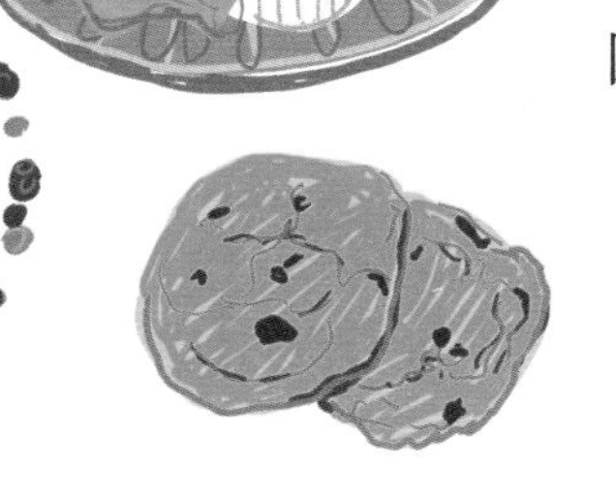

巧克力曲奇饼干（chocolate chip cookie）

这种巧克力饼干闻名世界。

大西洋海岸中部地区的特色美食

纽约州、新泽西州、特拉华州、宾夕法尼亚州、马里兰州北部地区

在宾夕法尼亚州，玉米肉饼（scrapple）是最受欢迎的菜肴之一，它是将猪肉末与玉米面、面粉和荞麦面混合制成的，切成片并在平底锅里煎炸后食用。而在马里兰州，基本上每个人都喜欢吃蟹肉饼（crab cake）。这是一种用蟹肉、面包屑、鸡蛋和玉米面等制成的油炸肉饼，通常放在半个圆面包上食用。

世界美食之都——纽约

在纽约，人们可以找到来自世界上任何地方的美食。纽约风味比萨（New York-style pizza）非常薄，可以折起来。它和肉丸意大利面（spaghetti with meatballs）、千层面（lasagne）、冰激凌都是源自意大利的美食，现在它已成为纽约的特色美食。来自荷兰的美食有克思罗沙拉（coleslaw，由切碎的卷心菜、胡萝卜搭配蛋黄酱制成）、甜甜圈（doughnut）、华夫饼（waffle，使用带有格子的模具制成）。爱尔兰人则为美国带来了万圣节派对，这是一个品尝甜点的好机会，像果仁薄脆糖（brittle，加入了花生、山核桃仁、杏仁等制成的脆糖）、玉米糖（candy corn，形似玉米）和太妃糖（taffy）等都能见到。热狗（hot dog）来自德国，这是一种夹着香肠、芥末酱和泡菜等的三明治。犹太移民则带来了酸菜、杏仁角酥（almond horns）、哈拉面包（challah）、比亚利碎洋葱面包卷（bialy）等。

中西部地区的特色美食

伊利诺伊州、印第安纳州、艾奥瓦州、堪萨斯州、密歇根州、明尼苏达州、密苏里州、内布拉斯加州、北达科他州、俄亥俄州、威斯康星州

辛辛那提辣椒酱（Cincinnati chili）

这个酱是用肉酱、肉汤、番茄酱、香辛料制成的，有时还会加少许黑巧克力。它用于搭配意大利面和热狗。

柿子布丁（persimmon pudding）

用蒸锅蒸制或者用烤箱烤制的柿子布丁可以搭配冰激凌、奶油食用。这也是这一地区北部的一种传统甜点。

玉米热狗（corn dog）

将香肠裹上厚厚的面糊，油炸后再烤制而成，这是艾奥瓦州典型的特色美食。

布朗尼蛋糕（brownie）

这种来自芝加哥的软巧克力蛋糕现已闻名世界。

烤盘炖菜（hotdish）

烤盘炖菜是明尼苏达州最著名的菜肴。它是用意大利面或马铃薯，搭配肉末、豆子、奶油蘑菇浓汤制成的。

芝加哥风味深盘比萨（Chicago-style deep-dish pizza）

这是一种深盘比萨，顶部铺满了奶酪和番茄，看上去就像蛋糕。

圣路易斯式烧烤（St. Louis-style barbecue）

圣路易斯市当地风格的烧烤使用的是猪肋排，搭配的是甜味酱料。这一地区的烧烤类经典菜肴还有堪萨斯城式烧烤（Kansas City-style barbecue），它会使用包括鸡肉、羊肉、牛肉在内的不同种类的肉。

布亚蔬菜炖肉（booyah）

这是一道极有特色的蔬菜炖肉，需要慢火炖煮两天。

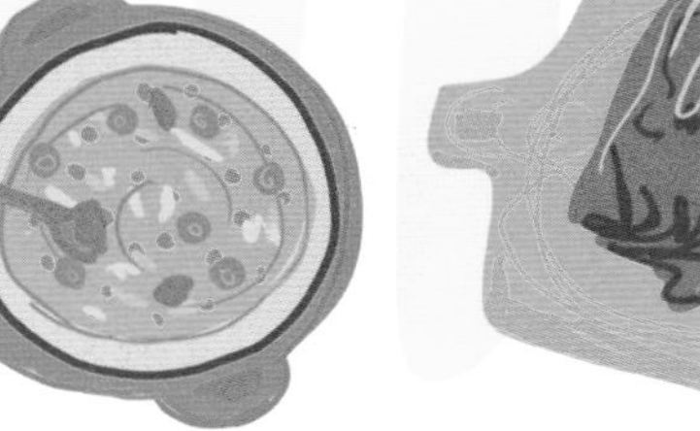

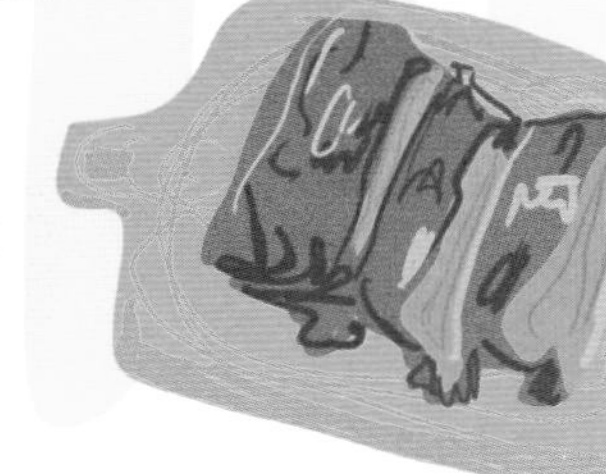

南部地区的特色美食

亚拉巴马州、阿肯色州、佛罗里达州、佐治亚州、
肯塔基州、路易斯安那州、密西西比州、北卡罗来纳州、
俄克拉何马州、南卡罗来纳州、田纳西州、得克萨斯州、
弗吉尼亚州、西弗吉尼亚州

这是一个以玉米和野味为基础食材、拥有优良烹饪传统的地区。在这一地区，玉米被广泛应用于各种美食，如玉米饼（hoecake）、玉米面包（cornbread）、匙面包（spoon bread），还有鲜虾玉米粥（shrimp and grits，使用玉米面和虾制作而成）。在众多的煎炸食品中，亚拉巴马州的炸青番茄和炸鸡的味道令人难忘。制作炸鸡时，要先将鸡块用加入香辛料的面粉糊或鸡蛋糊包裹，再高温油炸，以使其更为香脆。

烧烤（barbecue）

这里指著名的烤牛肉或烤猪肉。美式烧烤需要将各种各样的肉块先用酱汁腌制一下，它已经是美国美食文化的一个标志了。

法裔路易斯安那州人的美食（Cajun）

这是颇受法国传统乡村风味影响的一类菜肴，如法式黑布丁（boudin，塞满用猪肉、米饭、香辛料等制成的馅料）、路易斯安那小龙虾煲（Louisiana crawfish boil，用小龙虾和马铃薯等煮成）。

美式墨西哥菜（Tex-Mex）

美式墨西哥菜是定居在得克萨斯州和墨西哥接壤地区的西班牙移民的菜肴。其中最具象征意义的一道菜是辣味牛肉末酱（chilli con carne），它以牛肉末、辣椒、番茄、豆子炖制而成，配上脆玉米片（tortilla chip，一种三角形的油炸玉米薄饼）一起食用。烤奶酪辣味玉米片（nacho）是在脆玉米片上铺上肉末、化开的奶酪、牛油果果泥、酸奶油、番茄酱制成的。墨西哥烤肉（fajita）是用多种辣椒、炸洋葱、牛肉制作的，通常搭配米饭、豆子或玉米薄饼食用。

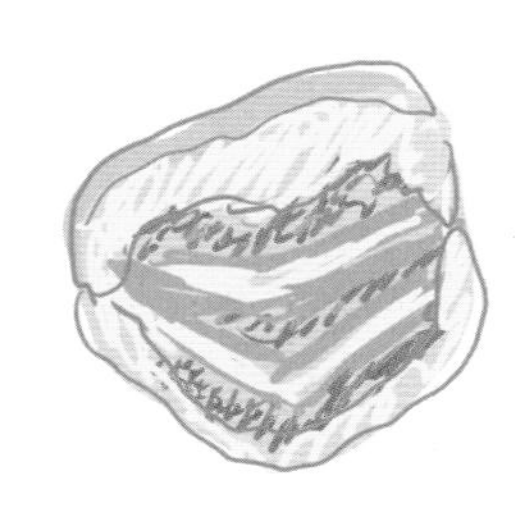

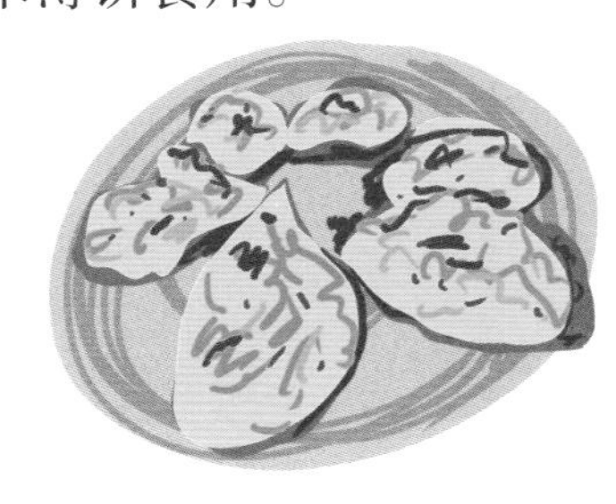

美国南部黑人吃的传统食品（soul food）

新奥尔良是克里奥尔美食之都，这里融合了来自欧洲、非洲、加勒比地区的和美国本土的菜肴。举两个例子：比安维尔牡蛎（oysters Bienville）是在牡蛎上放上切碎的蘑菇和辣椒、蛋黄酱、帕尔马奶酪烤制而成的。多层火腿三明治（maffuletta sandwich）使用了一种源于西西里岛的全麦面包，在其中塞满了蔬菜、火腿、萨拉米、意式肉肠和普罗卧奶酪（provolone）。

西北地区的特色美食

阿拉斯加州、俄勒冈州、华盛顿州、爱达荷州、蒙大拿州、怀俄明州

除了使用通过捕猎获得的动物肉和通过人工饲养获得的牛肉制作的菜肴之外，这一地区具有代表性的菜是雪松板鲑鱼（cedar-plank salmon）。这道菜是先用葡萄酒腌制鲑鱼，然后将其用雪松木熏制而成的。

西南地区的特色美食

亚利桑那州、新墨西哥州、科罗拉多州、犹他州、内华达州、加利福尼亚州

这个地区的菜肴深受西班牙和整个拉丁美洲饮食文化的影响。在多层辣椒玉米饼（stacked enchilada）和早餐卷饼（breakfast burrito）中，这一点就体现得很明显。

在沿海地区还有科布沙拉（cobb salad），一种用番茄、煎培根、烤鸡胸肉、切成半月形的熟鸡蛋、牛油果、丁香、羊奶奶酪、红酒醋酱汁做成的沙拉。在加利福尼亚州，当地人还与日本人争论究竟是谁发明了加州卷（California rolls）这种卷有牛油果、黄瓜和熟蟹肉的寿司。

墨西哥

墨西哥是一个拥有悠久的历史、灿烂的文明、丰富的食材和精致的菜肴的国度。2010 年，墨西哥菜被联合国教科文组织列入了《人类非物质文化遗产代表作名录》。迄今为止，墨西哥已向世界贡献了玉米、番茄、马铃薯、辣椒、菜豆、南瓜、可可、火鸡、菠萝、牛油果、香草、木瓜等食材，而这些食材是在美洲被“发现”之后才开始被世人所熟悉的。即使在今天，许多墨西哥菜也都是以古代玛雅人和阿兹特克人的菜肴为基础的，只不过现在人们会在这些菜里再加入一些“新”食材，如大米、洋葱、大蒜、猪肉、牛肉、山羊肉、绵羊肉、牛奶和奶酪等。

早餐吃什么？

在墨西哥，人们早餐习惯吃肉汤或牛肚汤（pancita）、玉米薄饼（tortilla）、墨西哥玉米薄饼卷（taco）、豆子炖肉、甜面包（墨西哥有数百种甜面包）等。墨西哥人经常会在早餐中加一个煎鸡蛋，比如在墨西哥鸡蛋玉米烤饼（huevos rancheros）中，玉米薄饼上就放有煎鸡蛋，还用了洋葱和辣椒酱调味。

早餐时可以用阿托莱玉米粥（atole）代替咖啡和果汁。这是将玉米磨成粉，加入水、蔗糖、香草、肉桂制成的一种饮品，墨西哥人经常用它来搭配玉米粉蒸肉（tamale）。玉米粉蒸肉是当地居民发明的一种十分便于携带的食物，它是先将玉米面团与水果、奶酪或蔬菜等混合在一起制成馅料，再用玉米叶将馅料包裹起来蒸制而成的。此外，烤箱中烤制的饺子形状的酥皮面点——肉馅卷饼（empanada）在整个拉丁美洲和西班牙也都很常见。

阿托莱玉米粥的巧克力版本是墨西哥热巧克力（champurrado），它是用玉米面（或面粉）、黑巧克力、水、糖、牛奶制作的，搭配吉事果、甜煎饼等作为早餐或小吃食用。它也是墨西哥亡灵节的特色饮品，人们会在亡灵节那天喝这种饮品、吃亡灵节面包（pan de muerto，一种用茴香籽调味的甜面包，上面装饰有人骨形状的面包条）。

玉米饼王国

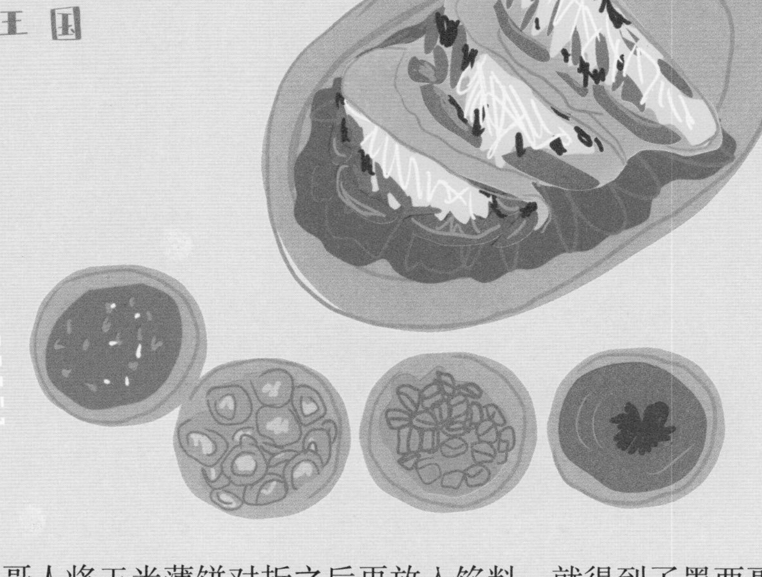

玉米薄饼是一种使用玉米面或面粉（较少使用）制作的薄饼，大部分常见的墨西哥菜都会用它作为基础搭配。

墨西哥人将玉米薄饼对折之后再放入馅料，就得到了墨西哥玉米薄饼卷，可以夹上牛肉、鱼肉、奶酪、洋葱、辣椒酱、青柠檬、香菜等食用，有时墨西哥人还会加入酸奶油，并用墨西哥牛油果酱（guacamole，一种用牛油果、洋葱、番茄、酸橙和辣椒等做成的酱料）来调味。

如果用玉米薄饼将所有馅料都包住，就成了玉米卷饼（burrito）。油煎玉米卷饼（chimichanga）里则会放上米饭和马恰卡（machaca，在平底锅中加入辣椒、黄油、洋葱、鸡蛋炒熟的肉块）。墨西哥奶酪薄饼（quesadilla）是在玉米薄饼（用任何品种的玉米制作都可以，甚至可以用蓝玉米）中夹入奶酪、黑豆、菠菜和西葫芦制作而成的。如果用玉米薄饼卷上肉馅、豆子、蔬菜、奶酪等，再在表面浇上辣椒酱、撒上一层奶酪，然后放入烤箱中烤制，就成了辣椒肉馅玉米卷饼（enchilada）。

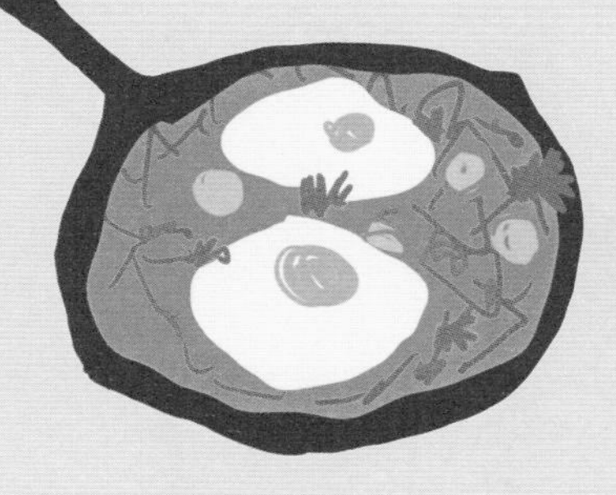

烤奶酪辣味玉米片是一种三角形的油炸玉米薄饼，上面通常覆盖有化开的奶酪和非常辣的墨西哥辣椒。

早餐时，墨西哥人尤其喜欢吃墨西哥早餐盘（chilaquiles），它的具体做法是：将玉米薄饼切成四块，油炸后放入盘中，在上面放上由番茄、洋葱、辣椒等制成的辣椒酱以及煎鸡蛋和鸡肉，或者放上用辣椒、胡椒、核桃、肉桂、巧克力、水果泥等制成的墨西哥巧克力辣沙司（mole）。墨西哥早餐盘在不同的地方有不同的做法。

将一种较厚的玉米薄饼油炸至膨胀后，再在里面塞满辣椒酱或肉，即成大肚子卷饼（gordita）。

在墨西哥南方，人们会将用来制作玉米薄饼的面团发酵后制成一种非常清爽的饮料，即特胡一诺（tejuino）。

特色小吃有什么？

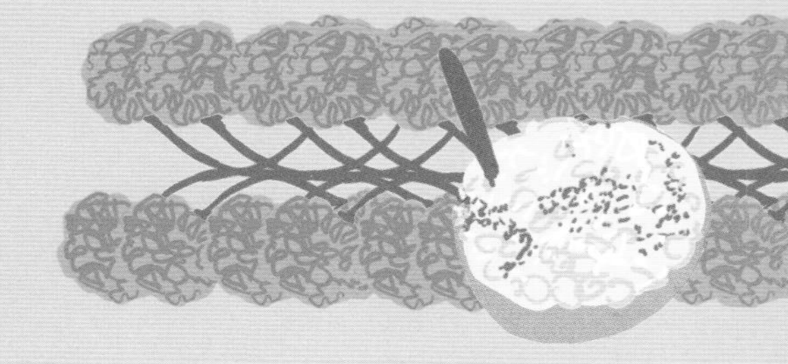

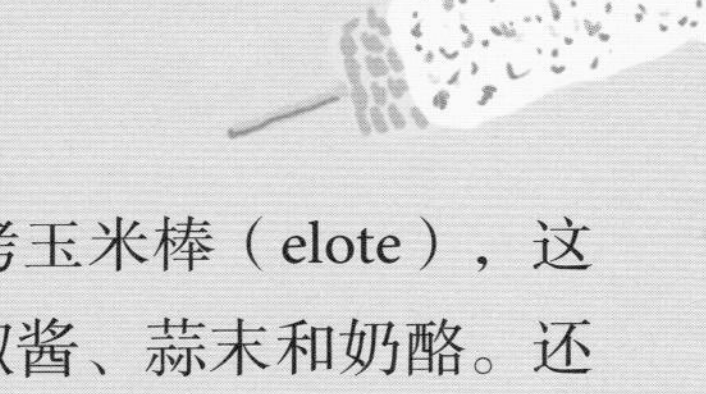

在墨西哥，最受欢迎的街头小吃有辣味蛋黄酱烤玉米棒（elote），这道美食的做法是将玉米棒在烤架上烤熟，再撒上辣椒酱、蒜末和奶酪。还有蛋黄酱奶酪玉米杯（esquites），它是将玉米粒煮熟后放入一个杯子里，并向其中加入蛋黄酱、奶酪、青葱、香菜、辣椒等，混合后食用的。

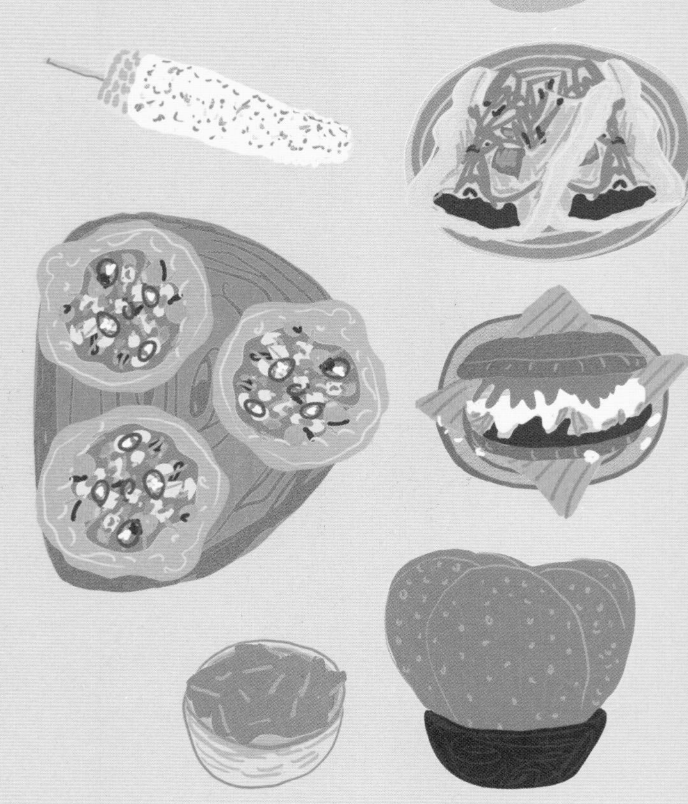

墨西哥有一种在全球都很有名的街头小吃，叫作玉米饼餐（antojitos）。销售这种美食的流动摊贩在售卖车上会备有众多现成的食材：从烤鸡到墨西哥玉米薄饼卷，再到有上千种馅料可以包裹的玉米薄饼。

墨西哥众人皆知的街头小吃还有辣味香肠汉堡（pambazo），这是一种将面包蘸过辣椒酱后夹上马铃薯和辣香肠制成的汉堡包。另外还有托尔塔三明治（torta，一种墨西哥传统三明治）、油炸玉米面馅饼（molote），它们总是辛辣无比。要想从强烈的味蕾刺激中快速恢复过来，就没有什么比喝一杯“清新的水”（aguas frescas，一种使用水果、水、糖制成的饮料）、欧洽塔冰饮等更让人心旷神怡的了。

墨西哥人在亡灵节有一种传统：街头小贩会推着流动售卖车在街上行走，人们经常会听到车上的高压锅冒气时发出的声音。小贩们会将芭蕉叶和仙人掌茎放进高压锅内蒸煮，主要是使用刺梨仙人掌的茎，它十分松脆且略呈凝胶状。墨西哥人也会将仙人掌和鸡蛋一起作为早餐食用，或者切成块后放入沙拉里、汤中或墨西哥坑烤肉（mixiote）里。墨西哥坑烤肉的做法是在地上挖一个坑，在坑中放入烤架，将羊肉块或者兔肉块，以及辣椒、仙人掌、大蒜和香草一起包裹在龙舌兰叶子里，置于烤架上烤制。这种烹饪方式在墨西哥当地叫作 barbacoa，英语中的 barbecue（烧烤）一词就来源于这个词。

午餐、晚餐吃什么？

墨西哥人吃午餐的时间一般为 14 时至 16 时 30 分，之后是午睡时间。上午，忍不住饥饿的人们往往会吃一点零食。吃午餐时，人们会先品尝一道汤，比如黑豆汤（sopa de frjiol）或面条汤（sopa de fideo），而主菜通常是墨西哥烩肉（guisado）搭配辣椒酱、豆子、玉米薄饼和水果。

墨西哥人通常在 21 时以后吃晚餐，一般就是吃午餐的剩饭，或者仅仅吃一点甜面包、牛奶或热巧克力。

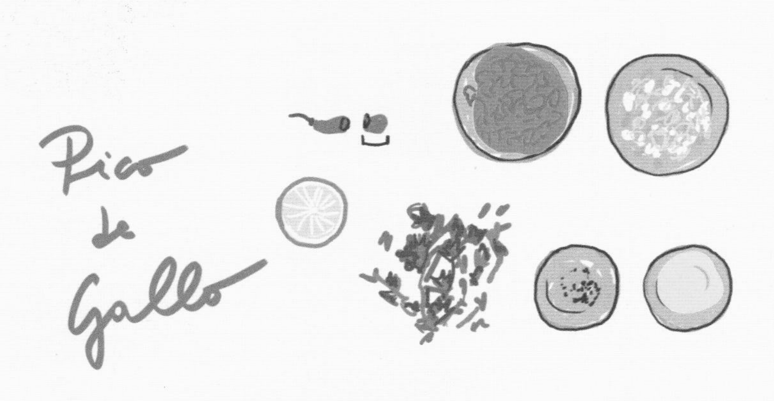

波布拉诺辣椒（poblano）

波布拉诺辣椒产自普埃布拉市，它是两种非常复杂的菜肴的主角，墨西哥的家庭和饭店都会为知道如何制作这两种菜肴而感到骄傲。这两种菜肴之一是巧克力波布拉诺辣椒酱（mole poblano），它使用了包括波布拉诺辣椒和巧克力在内的至少二十种材料制成，特别适合烹制火鸡肉、鸡肉或猪肉。另一种菜肴是青椒酿肉（chiles en nogada，看上去像中国的虎皮尖椒）：在波布拉诺辣椒中塞满肉丁（猪肉丁或牛肉丁皆可）、番茄、葡萄干、桂皮后制成，最后淋上奶油，撒上核桃仁、石榴籽装饰。在墨西哥广受喜爱的爆浆奶酪辣椒（chile relleno）也使用了波布拉诺辣椒，是在其中塞满奶酪和牛肉粒，挂上蛋糊后油炸而成的。

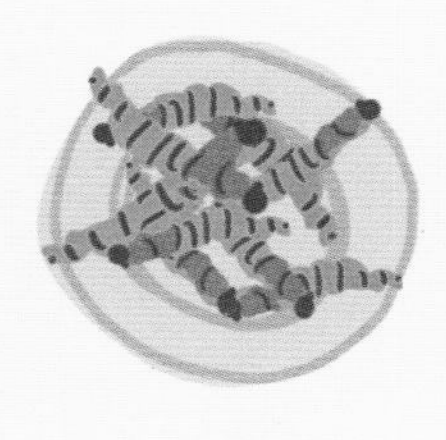

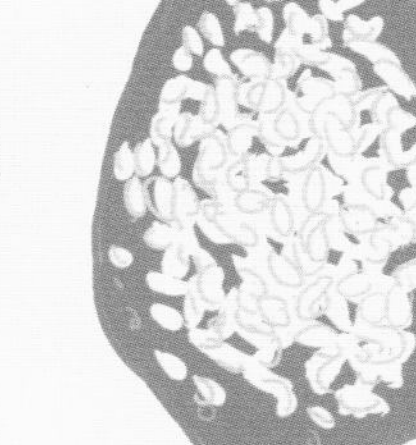

休闲小吃

在墨西哥，最受欢迎的小吃之一是炸草蜢（chapulines），用盐、大蒜、酸橙汁或辣椒调味后食用。其他值得品尝的小吃还有炸龙舌兰蠕虫（一种以龙舌兰为食的蠕虫）。这种钻入龙舌兰中的弄蝶幼虫被认为是一种营养丰富的美味，可以生吃，还可以将其油炸或者烘烤后，用盐、酸橙汁、辣椒酱调味后再吃。在墨西哥，人们还经常吃用其他虫子（如蚂蚁）制作的菜肴，以及被称为墨西哥“鱼子酱”的彝斯咖魔（escamoles，一种用蚂蚁卵制成的食物）。

辣椒酱

在墨西哥，不可或缺的辣椒酱是红色酱（俗称莎莎酱）和绿色酱。红色酱的风味根据辣椒味道的强度而变化，另外加入了番茄、洋葱和香草。最常用来搭配墨西哥玉米薄饼卷的红色酱是匹克鸡酱（pico de gallo），其原料有番茄丁、洋葱、香菜和辣椒。绿色酱则是以黏果酸浆（tomatillo，一种绿色的、类似番茄的蔬菜）和辣椒为原料制作而成的。

汤

墨西哥牛肚汤（mondongo）是用牛肚、大蒜、洋葱、辣椒、牛油果叶等食材制作而成的。它可以搭配上面放着柠檬、洋葱、香菜、牛至的面包片一起吃。玉米肉汤（pozole）历史悠久，在今天，人们仍然用玉米、猪肉、卷心菜、辣椒等食材烹饪这道美食。做这道菜要先将玉米、猪肉、卷心菜、辣椒炖一段时间，炖熟之后立即加入洋葱、辣椒酱或酸橙（也作为装饰）调味。香辣牛肉汤（mole de olla）是一种很受人们欢迎的汤，由刺梨仙人掌、马铃薯、肉、南瓜、瓜希柳辣椒和干辣椒等制成，挤上柠檬汁，撒上切碎的塞拉诺辣椒（serrano）后上桌。墨西哥羊肉汤（birria）是一种介于汤和炖菜之间的菜肴，它是以腌制好的山羊肉或绵羊肉为主料，搭配香料、多种辣椒、黏果酸浆、肉汤、洋葱和姜等制成的。

委内瑞拉、哥伦比亚和厄瓜多尔

和南美洲其他地区一样，如今在委内瑞拉、哥伦比亚和厄瓜多尔，人们也可以感受到移民带来的欧洲饮食文化的影响。在这三个国家内部，饮食的地域性差异都很大，尤其是沿海地区和内陆地区之间，前者的饮食往往以鱼类为主要食材，后者的则是以肉类为主要食材。这三个国家常见的食材有大米、芭蕉、马铃薯、豆类和玉米。哥伦比亚以其优质的咖啡为傲，那里拥有适宜咖啡生长的自然环境，其咖啡加工技术也在不断精进。现在，哥伦比亚咖啡已经成为世界上最好的咖啡之一。厄瓜多尔和委内瑞拉也种植咖啡，但这两个国家向来以高品质的可可闻名遐迩。

共同的特色菜肴有什么？

在这三个国家，每餐都不容错过的是阿瑞巴玉米饼（arepa），即一种烤的或煎的白色玉米饼，可以夹入奶酪、火腿等食用。厄瓜多尔马铃薯煎饼（llapingacho）是煎制的用马铃薯或木薯制成的饼，里面夹有奶酪。这些特色美食几乎所有家庭都会烹制，并且专卖家常菜的熟食店也会出售。

牛奶玉米甜粥（在厄瓜多尔被称为morocho，在哥伦比亚和委内瑞拉则被称为mazamorra）可以在早餐时食用。其制作方法如下：用牛奶长时间炖煮玉米，然后加入肉桂粉、葡萄干和墨西哥黑糖（panela）等熬制。也有人喜欢在其中加入肉或奶酪后，做成一道汤食用。

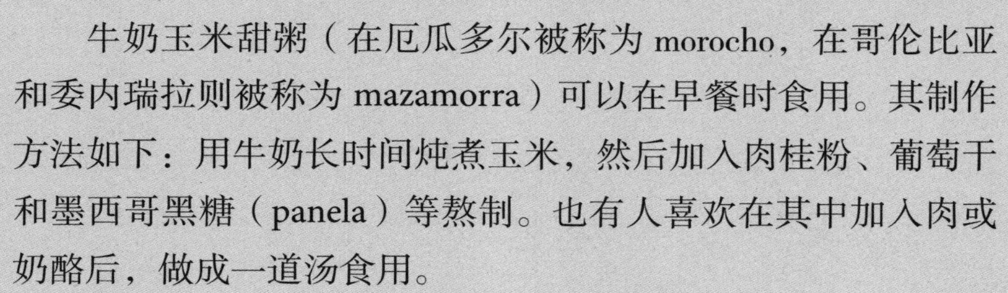

焦糖牛奶酱（dulce de leche）以牛奶和焦糖为主料制成，可以涂抹在面包上。

在拉丁美洲，肉馅卷饼好似一个无尽的宇宙，它的面团种类、馅料种类、闭合方法、烹饪方式等都是千变万化的，恐怕只有墨西哥玉米薄饼才能与其相提并论。肉馅卷饼的馅料会因地域、季节等的不同而变化，马铃薯、花生、奶酪、南瓜等都可以用来制作馅料。

委内瑞拉

早餐吃什么？

委内瑞拉人对炒鸡蛋可谓是情有独钟，他们会将炒鸡蛋与番茄、青椒、培根（或火腿）混合，用来作为阿瑞巴玉米饼的馅料。

火腿面包（cachito）是一种夹有火腿和奶酪的带馅面包，它外观与牛角面包相似，但使用的面团更干燥、更紧实。而以玉米面和芭蕉制成的环形的曼朵卡（mandoca）要趁热搭配黄油或新鲜奶酪食用。

火腿面包卷（pan de jamón）是一种夹有火腿、煎培根、葡萄干、青橄榄、辣椒的面包。委内瑞拉有一种厚厚的玉米饼——卡恰帕（cachapa），它是一种在烤盘或平底锅内烹制的全谷物食品，对折后夹入厚厚的委内瑞拉液态手工奶酪（queso de mano）、墨西哥黑糖和奶油食用。这里还有一种传统的用木薯粉制成的薄饼——木薯面饼（casabe），它可以搭配奶酪或蜂蜜食用。

早餐的饮品有茶、咖啡和美味的巧克力。

在委内瑞拉，午餐是一天中的主餐。晚餐的食物则基本和早餐一样，只不过分量要少一些。

极富特色的地域美食

牛肉黑豆饭（pabellón criollo）

这道菜是克里奥尔人最具代表性的菜肴。其中有煮熟至一捣就碎的程度后与蔬菜一起炒制的肉类，还有米饭、炖制（或炒制）的黑豆，以及炸芭蕉片。

汤

赫维多（hervido）是一种用肉（或鱼）搭配马铃薯及其他蔬菜制成的汤菜。牛肚蔬菜汤（sopa de mondongo）是以用柠檬汁或罗望子（俗称酸角）汁腌制的牛肚搭配芹菜和卷心菜烹制的浓汤。

椰奶炖羊肉（chivo en coco）

这是一道委内瑞拉沿海地区的特色荤菜：将用椰奶炖的山羊肉切成块后搭配蒜味油炸芭蕉猪肉泥（mofongo）食用。

黑汁烤肉（asado negro）

用墨西哥黑糖、甜椒、红葡萄酒一起烹制的烤牛肉，切片后搭配米饭、芭蕉、生菜沙拉、番茄、洋葱食用。

芭蕉粽子（hallaca）

这道美食是将杂粮面团和肉末、蔬菜末混合，再用芭蕉叶包裹后蒸制而成的，类似于墨西哥的玉米粉蒸肉。

椰汁（cocada）

这种饮品是以椰肉和椰水为主料，加入牛奶、香草冰激凌或炼乳制成的。

玉米面肉饼（bollo pelón）

这是用玉米面和肉制作的饼，浇上番茄酱食用。

哥伦比亚

早餐吃什么？

哥伦比亚人早餐会吃面包，而制作面包时他们会在面团或馅料中加入乳制品。例如玉米圆面包（almojábana）就是一种使用事先煮好的白玉米、牛奶、黄油和凝乳（cuajada）制成的面包；再如木薯奶酪面包（pan de queso），它是用木薯粉和磨碎的奶酪制成的。常见的哥伦比亚早餐还有：番茄洋葱炒鸡蛋（huevos pericos），可搭配热巧克力食用；将阿瑞巴玉米饼制成碎屑后与鸡蛋一起炒制成的阿瑞巴鸡蛋饭（migas de arepa），可以搭配番茄酱和洋葱食用。人们还可以喝一份热腾腾的马铃薯牛肋汤（caldo de costilla，一种用牛肋排、马铃薯、胡萝卜、香草煮成的汤）或者牛奶鸡蛋汤（changua，将牛奶煮沸后倒入碗中，磕入生鸡蛋，再加入葱和香菜即可。注意：磕入鸡蛋时不应弄破蛋黄），然后配上一片烤面包片。

极富特色的地域美食

鲻鱼饭（arroz de lisa）

这是沿海一带的特色菜肴，使用大米和鲻鱼制成，放在雪茄竹芋的叶子上与煮熟的木薯一起上桌。

蔬菜肉汤（sancocho）

这道菜是将鸡肉、猪排、牛尾等肉类与马铃薯、木薯、番茄一起炖煮而成的，炖好后加入小葱、香菜调味即可，还可以配上牛油果片和米饭一起食用。

派萨托盘（bandeja paisa）

这道菜是煮红豆、米饭、煎鸡蛋、芭蕉、辣香肠、阿瑞巴玉米饼、牛油果和霍高酱（hogao，用番茄、葱、香辛料等制成的一种酱料）等的拼盘。

哥伦比亚烤乳猪（lechona）

将一整只小乳猪体内塞满黄豌豆、马铃薯、洋葱、香辛料等后在户外的砖炉中烤制而成。

哥伦比亚木薯蛋糕（enyucado）

一种很受欢迎的蛋糕，使用木薯碎、椰子、茴芹和科斯特奶酪（queso costeño，类似菲达奶酪）制成。

可卡达（cocada）

以磨碎的椰肉为主料烘烤而成的甜点，通常用杏仁点缀，有时会做成多种颜色。

鸡肉培根炒饭（arroz atollado）

这是哥伦比亚的一道节日菜肴，由事先烹制好的红色辣椒和黄色辣椒、洋葱、番茄、胡萝卜、豌豆、米饭、鸡胸肉、培根（或香肠）混合而成，搭配油炸芭蕉片（patacones）或炸薯条食用。

阿加克高汤（ajiaco）

这是一种几乎所有哥伦比亚人都会食用的鸡汤，其中加入了三种当地特色马铃薯，还有玉米棒和香草，搭配牛油果食用。

蔬菜炖鸡（sudado de pollo）

这是一道加入了马铃薯、番茄、洋葱、多种辣椒、香菜和其他香辛料一起炖成的鸡肉菜肴。

博亚卡大烩菜（cocido boyacense）

这道大烩菜是将番茄、小葱、黄色和红色的马铃薯、蚕豆、菜豆、切成段的玉米棒、鸡肉、牛排、猪排一起炖煮而成的。

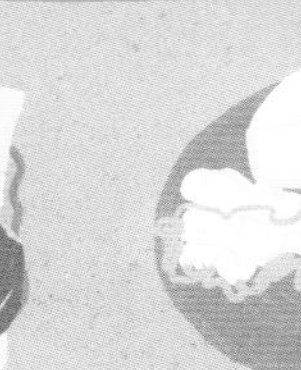
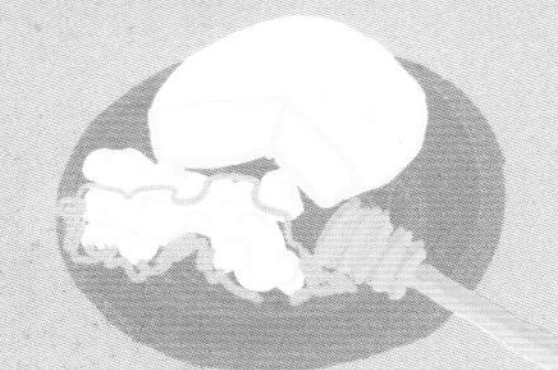

厄瓜多尔

早餐吃什么？

帕尼尼（面包坯可选用甜面包、咸面包、燕麦面包，这些面包的面团里都加入了木薯粉）、奶酪、凝乳（可以搭配蜂蜜和水果食用）、果酱（如番石榴果酱）、咖啡、新鲜果汁……这些都是常见的厄瓜多尔经典早餐。在厄瓜多尔沿海地区，常见的早餐是柠汁腌鱼生（ceviche，用酸橙汁和香辛料腌制的生鱼或其他生海鲜）和芭蕉炸鱼米饭；而在内陆地区，人们早餐经常吃由谷物、豆类和根茎类蔬菜一起烹饪而成的食物，如玉米炒鸡蛋（mote pillo）。厄瓜多尔人一日三餐都可以吃绿蕉饭（majado de verde）以及奶酪蕉球（bolón de verde）。常见的厄瓜多尔早餐还有：绿芭蕉馅饼（empanadas de verde），它以绿芭蕉为主料，以奶酪和洋葱为馅，油炸而成，也是很受欢迎的街头小吃；油炸奶酪馅饼（empanadas de viento），以面粉为主料，以奶酪和洋葱为馅料，油炸后撒上糖粉食用；乌米塔（humita），将玉米面、洋葱、大蒜、鸡蛋和奶酪都包裹进新鲜的玉米叶内蒸制而成。

极富特色的地域美食

厄瓜多尔人的午餐一般都会有一道汤、一盘搭配米饭（或马铃薯）的肉类（或鱼类）菜肴、沙拉、烹饪过的芭蕉、一点辣酱，最后人们还会来一些甜点和咖啡。晚餐则会吃得非常清淡，往往是一杯花茶再加一点面包。

虾仁米饭（arroz con camarones）

这道菜不仅在厄瓜多尔很受欢迎，也是整个南美洲沿海地区最常见的菜肴之一。它是将米饭、洋葱、辣椒、番茄、大蒜、孜然、欧芹等一起在虾汤中煮熟，再混合上煮熟的虾仁制成的。

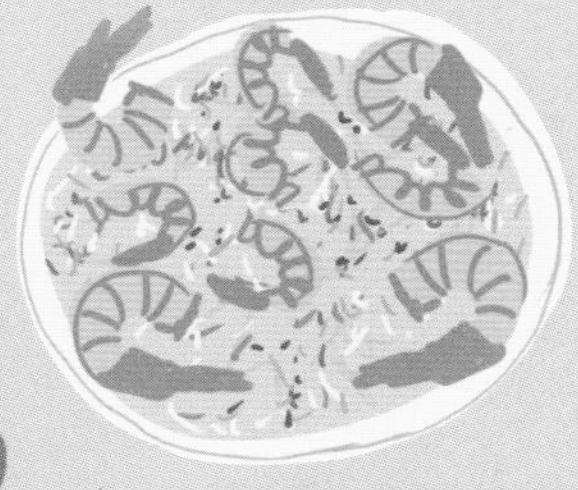

炖羊杂（yahuarlocro）

这是一道典型的安第斯山区美食，是一种用羊肉和羊内脏炖制的清淡的汤，搭配炸羊血、牛油果和紫洋葱圈一起食用。

春汤（fanesca）

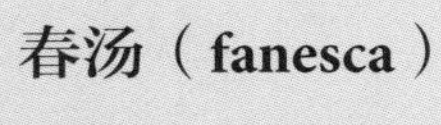

春汤是非常受厄瓜多尔人欢迎的一道节日美食。这道汤用暹罗南瓜、多种谷物、用牛奶煮过的豆类、鳕鱼、大蒜、花生、孜然等煮制而成，最后用煮鸡蛋、炸芭蕉和欧芹点缀。

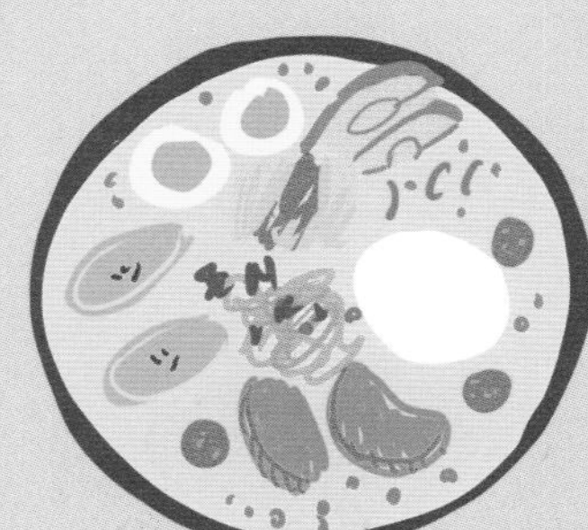

洋葱鱼汤（encebollado）

这道汤是厄瓜多尔的国菜之一。它一日三餐都可以食用，甚至一大清早就可以在餐馆里享用。这是一种鱼肉丰富的鱼汤，金枪鱼和鲣鱼都可以用来做这道汤，其他原料还有木薯和腌红洋葱圈。

炖山羊肉（seco de chivo）

这道炖山羊肉使用的配料有蒜酱、孜然、牛至、辣椒、洋葱、香菜、番茄、奎东茄汁、发酵的玉米汁、红糖等。这道菜也可以搭配米饭享用。

炖牛肚（guatitas）

这也是一道厄瓜多尔国菜，搭配马铃薯和花生酱食用。

秘鲁和玻利维亚

秘鲁是世界上美食最丰富的国家之一，它有数百种特色菜肴、数百种美味甜点、数千种可口的汤……

秘鲁可以大致分为三个地区，分别是沿海地区、亚马孙森林地区以及安第斯山脉地区，这些地区的特点深深地影响着它们的饮食文化。而玻利维亚的美食体系更多地受到了森林地区和山脉地区饮食传统的影响。

秘鲁也有很多融合而成的美食。比如，秘鲁式中餐（chifa）是由秘鲁传统菜肴和中国菜融合而成的，而秘鲁式日本料理（nikkei）则是秘鲁传统菜肴和日本料理融合形成的。

秘鲁

早餐、小吃有什么？

在秘鲁，人们早餐时可以吃黄油面包，喝茶或咖啡，还可以选择熟玉米和奶酪，以及油炸香蕉配可可娜果（cocona，一种辛辣的蔬菜）。胆大的人可以吃油炸食人鱼（piranha），搭配上香蕉和洋葱！玉米粉蒸肉和乌米塔也很受欢迎。

人们全天都可以吃到美味的小吃，比如炸肉三明治（pan con chicharrón，一种夹有炸猪皮的三明治）。

午餐、晚餐吃什么？

午餐是秘鲁人一天之中最重要的一餐，他们通常会选择比较清淡的饮食，一道主菜和一道甜点是最常见的搭配。晚餐通常是早餐的翻版，人们有时会选择吃秘鲁粽子（juane），还可以再配一道马铃薯汤或者玉米汤。秘鲁粽子是一种用雪茄竹芋的叶子包裹上米饭、鸡肉、橄榄、煮鸡蛋、香辛料等制成的美食。晚餐时，秘鲁人也经常把午餐的剩饭加热后食用。比如塔库塔库（tacu-tacu）就是将剩下的米饭和豆汤在平底锅中再次加热制成的，并且要一直加热到在锅底形成美味的锅巴。

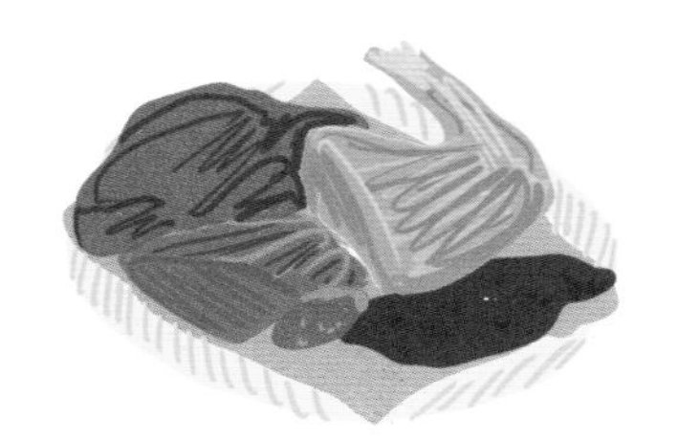

极富特色的地域美食

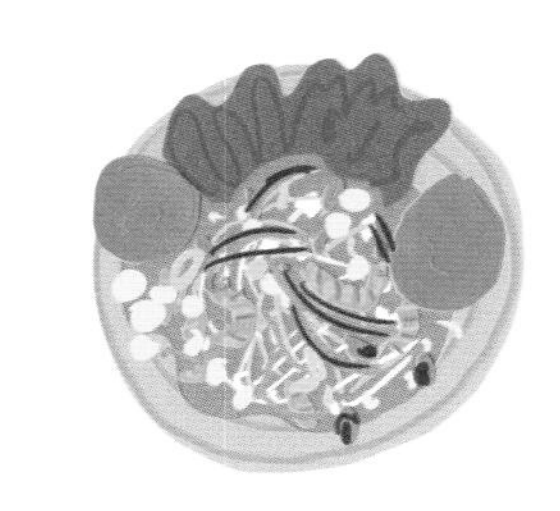

地锅饭（pachamanca）

这道菜在印加文明时期便已存在，以牛肉、羊肉、鸡肉、猪肉和蔬菜等为主料，其传统做法是将各种肉和蔬菜包裹在芭蕉叶中，然后将它们放在坑中的热石头上，用土和树叶覆盖后进行烤制。

柠汁腌鱼生（ceviche）

这道菜虽然在其他拉丁美洲国家也很常见，却是秘鲁的国菜。它是用酸橙汁（或苦橘汁）、多种辣椒、洋葱和香菜腌制的生鱼和生贝类。它可以在常温状态搭配甘薯蜜饯、木薯或玉米一起食用。

贻贝沙拉（choritos a la chalaca）

在生贻贝里放上洋葱丁、番茄丁、煮过的玉米粒等食材，挤上酸橙汁即成。

秘鲁炒饭（arroz chaufa）

这道菜的菜名来源于汉语的炒饭，它是将米饭与洋葱、鸡蛋、鸡肉或其他肉类、蔬菜、酱油一起下锅炒成的。

河虾浓汤（chupe de camarónes）

这是秘鲁沿海地区的一道美食，用牛奶、马铃薯、小龙虾和辣椒煮制而成。

紫玉米汁（chicha morada）

这是在秘鲁最受欢迎的一种饮料，它是用紫玉米、菠萝、肉桂、丁香等一起煮制而成的。

玻利维亚

早餐、小吃有什么？

肉馅烤饼（salteñas）是玻利维亚的国菜，人们通常将它作为早餐食用。这种新月形烤饼的馅料是用牛肉、猪肉或鸡肉搭配一种带有甜味且微辣的酱汁制成的。它与油炸肉饼（tucumanas）很像，但后者是油炸而成的，馅料由肉、蔬菜、煮鸡蛋和拉瓦辣酱（llajwa）制成。

午餐、晚餐吃什么？

午餐是玻利维亚人一天中的主餐，汤是必须要有的，花生马铃薯奶油汤（sopa de mani）是最受欢迎的汤之一。人们午餐时可以先吃一盘肉、米饭和马铃薯，然后慢慢品尝甜点和咖啡。

玻利维亚人的晚餐则仅仅是一顿简餐。

极富特色的地域美食

蔬菜炖肉（mondongo）

使用猪肉和牛肚、多种辣椒、大蒜炖煮而成，配上嫩玉米一起食用。

鸡肉饭（sajta de pollo）

这道菜由香辣炖鸡和番茄、洋葱、风干马铃薯（chuño）、米饭拼成。

马加迪托米饭（majadito）

这道菜是由用胭脂树种子染色的大米制成的米饭，加上肉干、洋葱、辣椒、大蒜、番茄和煎鸡蛋组成的，可以搭配炸芭蕉食用。

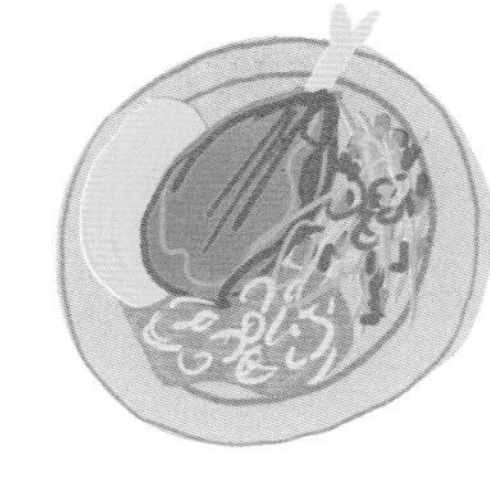

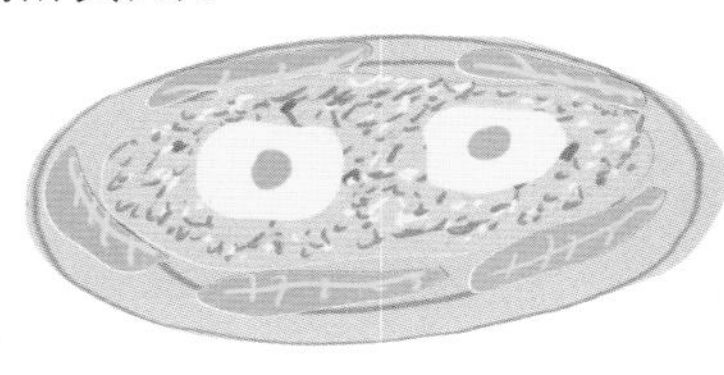

拉巴斯拼盘（plato paceño）

这道拼盘中有玉米棒、带豆荚的棉豆、煮熟的马铃薯和炸奶酪。

马铃薯鸡蛋肉饭（silpancho）

这道菜是用肉末、番茄、洋葱、马铃薯制作的盖饭，最上面要放上一个煎鸡蛋。

巴 西

巴西是一个幅员辽阔的国家，有着多种多样的景观、作物、和习俗。该国的美食与移民（特别是来自欧洲、非洲、亚洲的移民）的美食有着很深的关联。巴西不同地区的饮食都有着各自的特点。例如，巴伊亚州的美食因为受到了非洲和葡萄牙饮食的影响，经常使用辣椒和棕榈油；在巴西东北部，贝类、鱼类、肉干和木薯的消耗量很大；而在巴西南部，因为受阿根廷的影响较多，所以人们非常喜欢吃烤肉。

早餐、小吃有什么？

巴西人早餐时常常喝咖啡（巴西是世界上最大的咖啡生产国之一），只吃水果或一片面包，也会吃源于非洲的木薯奶酪小面包（pão de queijo，使用木薯粉和奶酪制成）。乳清奶酪（requeijão）是一种富含奶油的柔滑的新鲜奶酪，稠度与酸奶相当，但酸度较低，非常适合在早晨食用。人们还可以吃焦糖牛奶布丁（doce de leite），这是一种长时间加热加了糖的牛奶得到的甜点，在整个南美洲都很有名气。

巴西东北部的特色街头小吃有起源于非洲的阿卡拉杰豆馅饼（acarajé），它是一种使用青豆和面粉制成的油炸丸子，切开后夹上虾、花生及其他食材食用。另一种非常受欢迎的小吃是炸鸡肉包（coxinha），这种美食是将撕碎的鸡肉包裹进用肉汤和面粉和成的面团中，塑形成鸡腿状后油炸而成的，也可以在馅料中加入奶酪或蔬菜。

午餐、晚餐吃什么？

午餐作为一天之中最主要的一餐，巴西人往往会花费较长时间享用。无论是在家中，还是在餐厅中，人们通常都会吃米饭、煮熟的豆子配大蒜和洋葱、脆酥木薯粉（farofa，黄油炒木薯粉）、沙拉、红肉（或鸡肉），配菜有玉米粥、马铃薯或玉米。

巴西人的晚餐是一顿轻食简餐：一道汤（或一份意大利面），一份三明治（或汉堡包）。如果人们在睡前仅仅吃了一顿下午茶，那么还可以再吃一份迟到的晚餐——汤、意大利面或沙拉。

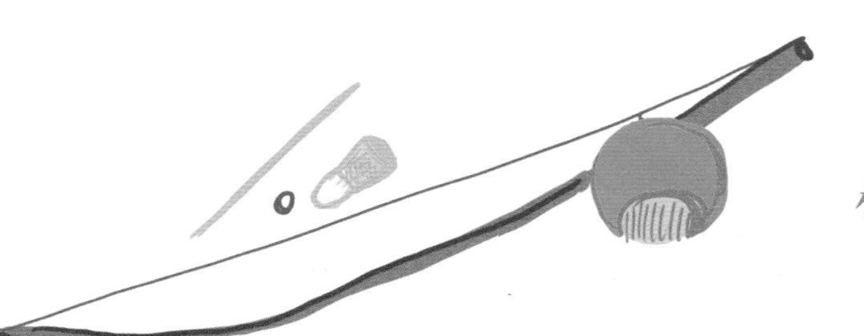

极富特色的地域美食

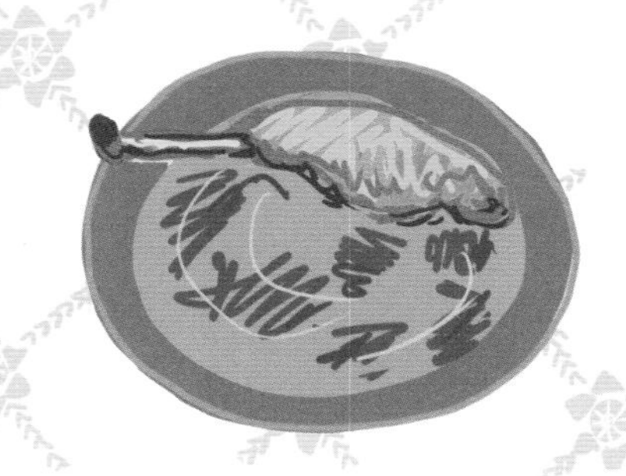

黑豆炖肉（feijoada）

这是巴西的一道国菜，作为午餐食用。它是将黑豆、风干牛肉和猪肉（如烟熏排骨、猪耳朵、培根）放入陶罐中用慢火炖成的，搭配米饭、甘蓝、橙子和脆酥木薯粉一起食用。

图库皮酱鸭（pato no tucupi）

这是一种亚马孙特色菜肴：使用图库皮（tucupi，榨取自木薯根部的汁液）酱制鸭子，并用大蒜和柠檬调味。

巴西黑豆饭（arroz com feijão）

这道菜是使用米饭和黑豆组成的，是巴西最常见的菜肴。其中的米饭可以用其他各种类型的谷物制品（如中国的拉面、米粉、炒面等）代替。

巴西鸡肉派（empadão）

这是一种富有乡村特色的鸡肉派，使用切碎的鸡肉、虾、米饭、马铃薯、豌豆或其他蔬菜制作而成。

海鲜杂烩（moqueca）

这是一道来自巴伊亚州的美食，其中加有红辣椒、番茄、洋葱、丁香、大蒜。在某些地方，人们还会加入椰奶。

猪排煎蛋饭（virado à paulista）

圣保罗市的代表性菜肴。这道菜由特制的豆子、米饭、卷心菜、排骨、裹上面包屑炸的香蕉和松软的煎鸡蛋等组成。

巴西豆子排骨饭（baião de dois）

这是巴西东北部的一道菜肴，使用米饭、豆类、排骨、干肉、辣香肠、大蒜、洋葱和醋烹制而成。

秋葵烩虾仁（caruru）

使用秋葵、棕榈油、虾仁、洋葱、炸花生（或烤腰果）制成，可以搭配米饭食用。

香辣海鲜汤（tacacá）

这是使用图库皮烹制的黄椒虾汤。

巴西椰蓉布丁（quindim）

这是一种来自葡萄牙的布丁，以蛋黄、糖、磨碎的椰肉为原料，在烤箱中烤制而成。

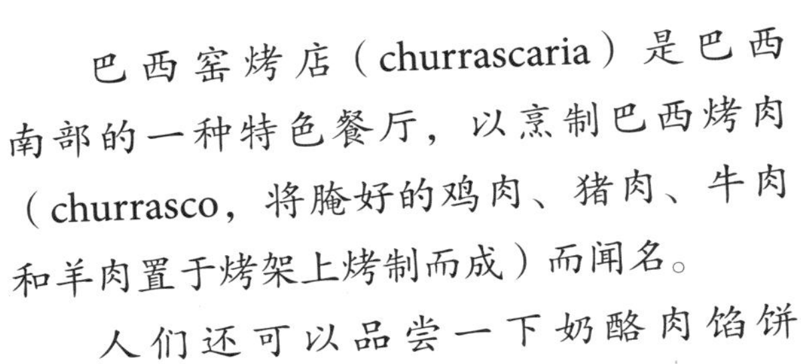

巴西窑烤店（churrascaria）是巴西南部的一种特色餐厅，以烹制巴西烤肉（churrasco，将腌好的鸡肉、猪肉、牛肉和羊肉置于烤架上烤制而成）而闻名。

人们还可以品尝一下奶酪肉馅饼（pastel），这是一种长方形的炸肉饼，里面夹有各种馅料，如奶酪、肉末、鳕鱼干、虾仁等。吃的时候可以喝一杯甘蔗汁。

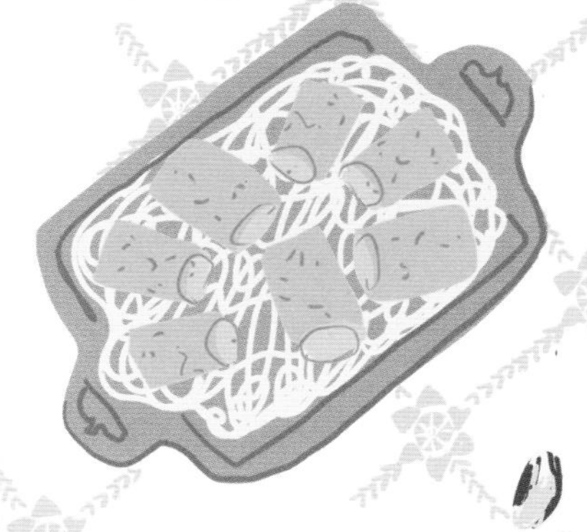

花生酥糖（paçoca）

使用花生碎和糖制成的糖果。

核桃仁奶油蛋糕（bolo de castanha-do-pará）

使用山核桃仁和炼乳制作的小蛋糕。

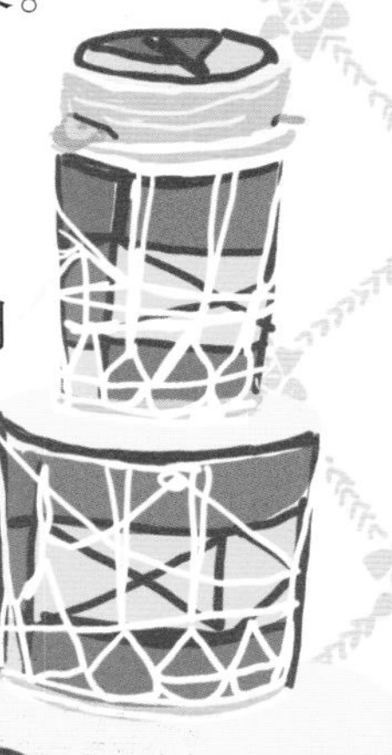

阿根廷和智利

这两个国家的菜肴与拉丁美洲其他国家的菜肴一样，是当地的传统菜肴和食材与移民带来的欧洲菜肴相结合形成的。阿根廷拥有大量的牧场和广阔的土地，因此对其而言，农业活动非常重要。这里盛产谷物和豆类，这些作物又可以用来养牛，所以在这里，养牛业非常普遍，而且总是露天饲养。也因此，阿根廷是世界上主要的肉类出口国之一，还可以提供优质的牛奶。智利领土狭长，沿太平洋海岸延伸。海洋为智利提供了大量优质的鱼类、贝类等海鲜。在这里，人们甚至还会烹饪海藻！

阿根廷烤肉（asado）

这是阿根廷特色传统美食的代表，在智利，人们也会烹制这种美食。asado 这个词不仅指这道菜肴本身，也指这道菜采用的烧烤技术、肉的切割方法，以及进餐方式。阿根廷人将各种肉类慢慢烤制几个小时后，搭配奇米丘里辣酱（chimichurri，用欧芹、辣椒、蒜末、油和白醋制成）食用。在巴塔哥尼亚高原，人们习惯于使用垂直烤架烤制羔羊肉。

智利炖牛肉（charquicán）

将牛肉干（charque，经过腌制和风干的牛肉）与南瓜、马铃薯、白玉米、豌豆和洋葱一起炖煮而成，装盘后摆放上荷包蛋作为装饰。

肉馅卷饼（empanada）

使用玉米面做成的一种半月形馅饼，里面夹有各种馅料。这是在这两个国家非常常见的一种美食，不同地区的做法各有不同。

智利甜玉米派（pastel de choclo）

这是智利的一道国菜，在阿根廷也很有名气。它是将玉米面用牛奶和猪油烹煮并用罗勒调味后，与牛肉碎、洋葱和香料的混合物一起烹制而成的。

烤马铃薯肉饼（milcao）

这道美食是将磨碎的马铃薯与猪油、香料混合后，油炸或在烤炉中烤制而成的，也可以使用智利传统的烹饪方法——古兰多（curanto）进行制作。

阿根廷

早餐、小吃有什么？

在阿根廷，人们早餐时可以吃黄油面包片、焦糖牛奶酱、油炸饼（torta frita，一种用面糊制作的油炸食品，非正餐时间也可以当零食吃）。这些美食都可以作为阿根廷特色饮品——马黛茶（mate，用巴拉圭冬青的干叶浸泡而成的茶饮）的理想搭配。而孩子们都喜欢一种叫作潜水艇（submarino）的巧克力饮料，它是将巧克力放入滚烫的牛奶中融化制成的。

极富特色的地域美食

皮卡达（picada）

这是一种小吃拼盘，腌肉、奶酪、炒蔬菜、煮鸡蛋、鱼、泡菜等会被一样一样地分隔开摆在托盘中上桌。

洛克罗（locro）

这是一道用玉米、番茄、南瓜、洋葱、豆子、马铃薯、牛肉、猪蹄、猪耳朵和辣香肠做成的汤菜。

午餐、晚餐吃什么？

午餐是阿根廷人一天中的主餐，而他们晚餐开始的时间较晚，一般以剩饭菜为主。

阿根廷人一般会把谷物食品做得比较硬，像千层面（lasaña）、面卷（canelones）都是如此。煎肉和烤肉是阿根廷人的晚餐中永远不可缺少的。

蔬菜肉汤面（guiso）

一种蔬菜炖肉，其特点是因为加入了短面条而变得更加浓稠。

西班牙羊杂汤（chanfaina）

这是一道起源于西班牙的炖菜，以羔羊血、羊肉和香辛料制成，在阿根廷西北部尤其受欢迎。

智利

早餐、小吃有什么？

智利面茶（ulpo）是使用炒面、牛奶（或热水）、蜂蜜制成的粥，非常适合早餐食用。智利人的早餐还有脆皮鲜奶甜甜圈（conejito）以及炸马铃薯肉丸（papa rellena），后者是在马铃薯中夹上牛肉丁、洋葱、橄榄、香料炸成的，也很适合做小吃。

智利还有一种很受喜爱的下午茶，它由茶、咖啡、牛奶、蛋糕、牛油果、鸡蛋等组成。人们一般会在17时至23时之间享用这种下午茶，经常用它来代替晚餐。

午餐、晚餐吃什么？

如上所述，智利人的晚餐通常会被多种多样的小吃取代，而早餐后，人们也会在一天中的不同时间吃东西，因此并没有具体的午餐时间。由于拥有丰富的鱼类资源，所以智利有许多海鲜菜肴。

极富特色的地域美食

智利炖菜（cazuela）

这是一种以牛肉或者鸡肉为主料，搭配南瓜、马铃薯、胡萝卜、玉米、辣椒和香菜做成的汤菜。

海鲜大杂烩（paila marina）

这是使用多种鱼和贝类、辣椒、葡萄酒、番茄酱、香菜制作的一道汤。

康吉鳗羹（caldillo de congrio）

这道美食以鳗鱼、马铃薯、洋葱、大蒜、番茄、香菜为原料，做好后盛放在厚厚的陶瓷碗中以保持温度。

帕尔马奶酪烤蛤蜊（machas a la parmesana）

用粉红蛤搭配白葡萄酒（或柠檬汁）、帕尔马奶酪烤制而成。

非洲

摩洛哥

摩洛哥西临大西洋，北临地中海，一直以来受到柏柏尔人的、阿拉伯人的、欧洲人的等不同文化的影响。摩洛哥菜肴与邻近的北非国家的常见菜肴普遍相同，但摩洛哥菜肴通常更精致、用料更丰富。摩洛哥海岸线非常长，因此这里盛产可以用于烹饪的各种鱼类：凤尾鱼、沙丁鱼、金枪鱼、鲭鱼、鲻鱼……

早餐吃什么？

摩洛哥人的早餐餐桌上通常有千孔煎饼（baghrir，一种表面有很多孔的发酵煎饼）或方形煎饼（msemen），搭配蜂蜜、橙汁和牛油果奶昔食用。

午餐、晚餐吃什么？

在用餐时，人们会先享用热沙拉和冷沙拉。前者比如用茄子和番茄制作而成的茄子沙拉（zaalouk）。后者比如用番茄、苹果、洋葱、辣椒和生菜制作而成的生菜苹果沙拉（taktouka），以及用胡萝卜和橙花或者用甜菜、香菜和橙花制成的冷沙拉。然后是塔金（tajine），一种用蔬菜、肉类和香料制作的炖菜。这道菜以其特殊的烹饪器皿——塔吉锅的名字命名，它是在这种陶土锅内烹制并直接端上餐桌的。人们也可以吃库斯库斯（couscous），它是将硬质小麦粗面粉蒸熟后，与已经单独烹饪好的牛肉、鸡肉或鱼肉以及蔬菜混合在一起食用的。

常备食材有哪些？

摩洛哥人的食品柜中常备有绿茶、糖粉、蜂蜜、橙花汁、花生、芝麻、杏仁、红枣、葡萄干、鹰嘴豆、腌柠檬（mssiyar）等食材。冰箱中则经常存放有各类应季蔬果和香辛料，如胡萝卜、南瓜、茄子、卷心菜、辣椒、西葫芦、萝卜、番茄、洋葱、大蒜、橙子、牛油果、柠檬等。在人们的冰箱中可以看到鸡肉、绵羊肉、牛肉、山羊肉等肉类。

一起去采购

在摩洛哥，人们所需要的物品都是在按照商品种类划好分区的露天市场购买的。这里的每个人都喜欢和商贩讨价还价，根据一定的规矩按照自己的能力来付钱，因此商品的价格一直在变化。

极富特色的地域美食

法蒂玛手指饼（dita di Fatima）

里面夹有肉、鸡蛋、奶酪和香料的类似炸春卷的美食。

炖牛肚（trippa）

这道菜有许多种版本，它们都添加了香料，并加入了橄榄油、番茄、大蒜、欧芹、柠檬一起烹制。

鹰嘴豆炖肉（hargma）

用鹰嘴豆与牛腿或山羊腿（带有骨头）炖制而成。

烤全羊（méchoui）

将绵羊或羔羊放置在烤架上烤，烤到其肉质变得松软，可以直接用手撕下，无须使用刀、叉等器具就能大快朵颐。méchoui 这个词还指一种烹饪方法，即在一个深坑（甚至深达两米）中用烤肉叉将羊固定好，慢慢地烤六个小时。

三角酥饼（briouat）

这是用油酥面团制成的三角形煎饼，里面夹有鸡肉末（或羊肉末）、柠檬、胡椒等混合而成的馅料，搭配马铃薯和豌豆等食用。也可以在面团里加入杏仁或花生油脂，在其表面涂抹蜂蜜或喷上橙花汁，做成甜口酥饼。

鹰嘴豆炖鸡（rfisa）

这道菜使用鸡肉、鹰嘴豆、香料制作而成。

汤

摩洛哥的汤种类繁多，例如：扫把汤（chorba），一种浓郁的肉汁菜汤；比萨拉汤（bessara），一种以蚕豆为主料，搭配大蒜、油、柠檬和香料制成的汤；哈利拉汤（harira），一种用鸡蛋、米饭（或意大利面）、豆类、柠檬汁和香料制成的汤。

甜点

摩洛哥有多种多样的甜点，如杏仁糊硬蛋糕、“瞪羚的脚踝”（kaab el ghazal，一种北非的传统甜品）、杏仁夹心蛋糕和摩洛哥酥饼（ghoriba bahla，一种夹有芝麻、肉桂的松脆饼干）。

有各种各样的香辛料被用于摩洛哥菜肴的调味，例如辣椒粉、藏红花、孜然、姜黄、黑胡椒、生姜、桂皮以及混合香辛料（ras el hanout）。混合香辛料是由至少三十种经过干燥和磨碎的香辛料组成的混合物。在摩洛哥，每个家庭和每个商铺都有自己的混合香辛料秘密配方，并会加入不同的芳香植物，如薄荷（有很多种类）、香菜、艾草、牛至、马郁兰、马鞭草、鼠尾草等。

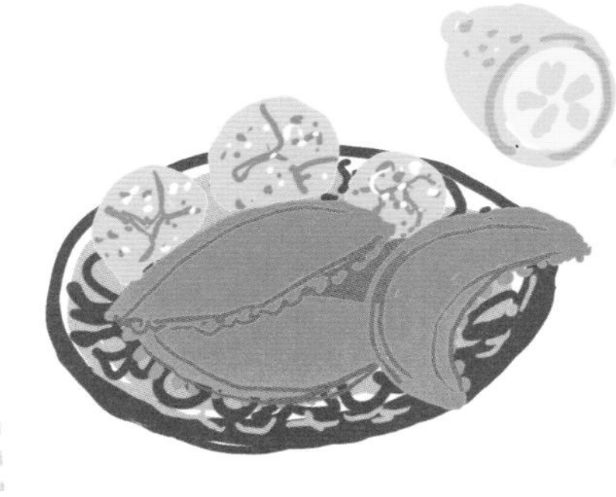

阿尔及利亚和突尼斯

虽然阿尔及利亚人和突尼斯人的饮食深受腓尼基人、土耳其人和法国人的影响，但是人们使用的可以随身携带的炊具和餐具，以及共同进餐时的欢乐气氛，都说明了他们的饮食风俗与沙漠游牧民族的更为接近。

早餐吃什么？

在突尼斯，美好的一天往往从突尼斯甜甜圈（bambalouni，一种撒有糖或蜂蜜的油炸甜甜圈）开始。早餐桌上往往还会有突尼斯大米布丁（mhalbiya，一种用天竺葵汁、香草调味，撒有海枣和开心果的大米布丁）或者三角烤饼（samsa，一种酥皮薄饼，表面撒有烤杏仁碎和芝麻）。

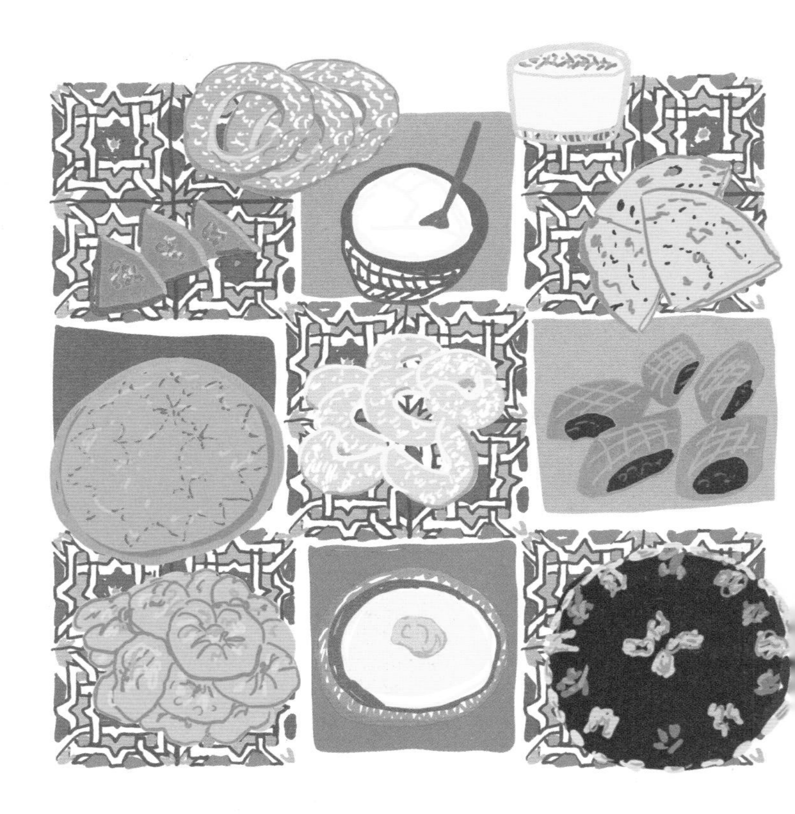

在阿尔及利亚，不仅是早餐，所有的餐点都伴随着卡斯拉烤饼（kesra）这样的硬质小麦粗面粉面饼。卡斯拉烤饼是在一个陶制容器中烹制的，与摩洛哥风味酸奶（raib）搭配食用。阿尔及利亚有着种类丰富的糕点：如羊角面包（tcharek，一种月牙形的面包，用以橙花汁调香的杏仁糊做馅），以及枣椰糕（makroudh，呈菱形，用粗面粉制作，里面夹有枣或杏仁糊）。

突尼斯人和阿尔及利亚人都会烹制阿萨德（assida）。这是使用硬质小麦粗面粉和软质小麦粉制作的一道粥，里面加入了化开的黄油、蜂蜜和混合粉（bsissa，由大麦粉或面粉与鹰嘴豆粉、香草碎、香辛料等混合而成）。

午餐、晚餐吃什么？

在这两个国家，鲜食和沙拉在午餐和晚餐中都占据了很大的比重。许多菜品中都有蔬菜，有些直接用生蔬菜，有些将蔬菜做熟后使用。例如：突尼斯沙拉（salade tunisienne）是以生番茄、生黄瓜、生洋葱、金枪鱼为主料，搭配煮熟的鸡蛋、橄榄油、沙丁鱼制成的。常见的还有烤蔬菜沙拉（mechouia），它是以烤辣椒、烤洋葱、烤番茄为主料，搭配金枪鱼、煮熟的鸡蛋、油、柠檬汁制成的。

常备食材有哪些？

在这两个国家，鸡蛋都是最常见的食材。另外，人们还常备有番茄、香辛料、谷物、金枪鱼和花茶。

人们还会在食品柜中储藏一种粗制柏柏尔面包（tabouna）。这是一种扁平的无发酵圆面包，往往撒有芝麻，是在陶土制成的特殊烤炉中烤制而成的。

极富特色的地域美食

开胃菜组合（kémia）

这是一组在午餐前用于招待客人的开胃菜，有腌鱼、炖菜、冷沙拉、热沙拉、果干等，还有人们非常喜爱的烤蔬菜（如烤番茄、烤茄子和烤辣椒等）。

库斯库斯（couscous）

地中海彼岸的人们也会烹制这道菜。人们将硬质小麦粗面粉蒸熟后，搭配肉类（羊肉、鸡肉、牛肉等）、豆类和蔬菜一起食用。突尼斯沿海地区的特色菜是使用鱼肉烹制的库斯库斯。库斯库斯是在特制的两层的库斯库斯锅中烹制的：在锅的下层中倒入汤，将蔬菜和肉在汤中煮熟；锅的上层完全卡在锅的下层上，它底部有孔，蒸汽从孔中透上来，将锅上层中的硬质小麦粗面粉慢慢地蒸熟。

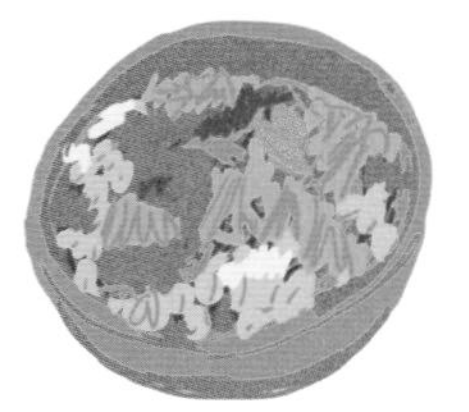

面条和汤（pasta 和 zuppe）

在这两个国家，面条的消耗量都很大。以细面、肉桂、肉类和蔬菜制成的肉桂白汁面（rechta dziriä）非常受人们欢迎。最常见的汤有青麦羊肉汤（farik），一种使用烤青麦仁和羊肉制作的汤。

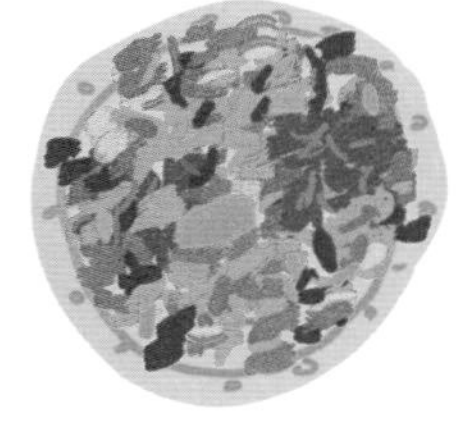

油炸三角饼（brik 或 bourek）

这是一种里面夹有肉末（或金枪鱼肉）、蔬菜和鸡蛋的面食。类似的油炸食品还有马铃薯油饼（maakouda）。

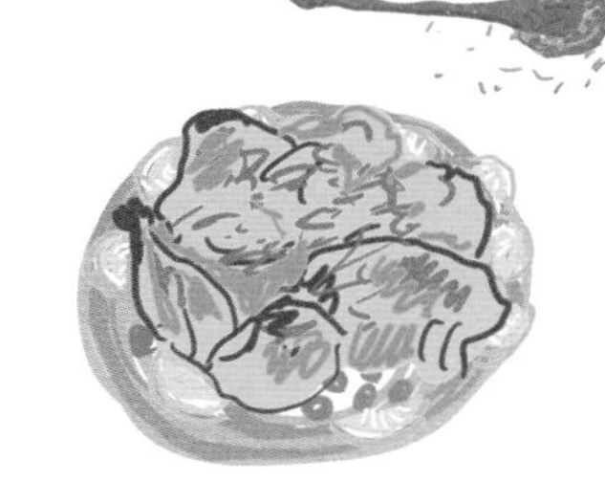

塔吉馅饼（tajine）

这道突尼斯美食与塔吉锅无关。这是一种用鸡蛋、鸡肉（或金枪鱼肉）、马铃薯（或豌豆）、奶酪碎、欧芹和香辛料制成的美味馅饼。

鹰嘴豆蔬菜汤（lablabli）

这是非常受人们欢迎的一道蔬菜汤，主要以鹰嘴豆、大蒜、哈里萨辣酱（harissa，一种使用辣椒、大蒜和油制作的酱料）制成，搭配面包食用。

辣味羊肉肠（merguez）

这是一种以羔羊肉为主料制作的香肠，用大蒜、哈里萨辣酱、孜然调味，可以烤着吃或炖着吃。

索罗布（sohlob）

这是一种使用高粱面、水（或牛奶）、玫瑰汁、烤芝麻制作的甜点。

北非蛋（chakchouka）

这道菜是先将辣椒、番茄和洋葱炖制成酱，再磕入鸡蛋（不打散）焖熟制成的。

香辛料

除了非常辣的哈里萨辣酱之外，这两个国家的人们还使用很多香辛料来为菜肴增香、调味。

埃及

埃及悠久的历史造就了它饮食文化的多样性。但现在，埃及人再也不会像在法老时期那样用餐了，因为他们已经逐渐接受了来自土耳其、希腊、黎巴嫩和巴勒斯坦等国家的饮食文化。在埃及，最受欢迎的是源于中东的美食，另外，在其南部地区，非洲的美食也有其一席之地。

早餐、小吃有什么？

炖蚕豆（ful）是北非和中东地区常见的菜肴，人们经常在早餐时享用。它是将干蚕豆和油、欧芹、洋葱一起炖煮，最后洒上柠檬汁制成的。

埃及的早餐和小吃中有许多其他地中海沿岸国家也有的传统食品：巴斯伯萨（basbousa），使用粗面粉制作，在浸过糖浆并切成方块后，用杏仁点缀；蜜糖果仁千层酥（baklava），使用油酥面团、蜂蜜与开心果之类的坚果馅料制成。

在早餐时，人们也可以品尝奶酪。例如：米什奶酪（mish），一种发酵咸奶酪，是在瓦罐中腌制并发酵数月后制成的；多米艾提奶酪（domiati），是使用水牛奶制成的。

午餐、晚餐吃什么？

锦葵汤（mulukhiyah）是埃及的一道国菜，是将大量切碎的干燥锦葵叶与橄榄油混合后倒入沸水中炖制而成的。在午餐和晚餐时，酿蔬菜（mahshi）很常见。它是将番茄炒饭塞入茄子、辣椒、西葫芦、南瓜等蔬菜中，或者包入葡萄叶、卷心菜叶等叶子中制成的。肉是餐桌上的主角，最常见的肉类菜肴之一是埃及炖牛肉（kamounia）——一道将牛肉和牛肝炖煮后，使用孜然调味的菜肴。埃及人以面包烹饪技术见长，有很多经典面包，例如艾什面包（aysh），它呈圆饼形且松软，可以像勺子或碗那样放入酱汁、沙拉和烤肉后食用。

极富特色的地域美食

芝麻酱（tahina）

这是一种酱料，使用芝麻碎、大蒜碎、柠檬汁和油调制而成。将其与茄子、蒜碎、油和薄荷碎混合后制成的茄子泥（baba ganoush）可以直接涂抹在面包上食用，也可以搭配炸豆丸子（falafel）食用。

坚果酱（duqqa）

使用坚果、香料和油制成的一道酱料，搭配面包食用。

库莎丽（koshary）

这道菜是将米饭、意大利面、鹰嘴豆、扁豆、番茄酱、大蒜、醋混合制成的，可以搭配炒洋葱食用。这道菜经济实惠、营养丰富，而且随处可见。

炸豆丸子和鹰嘴豆泥（falafel 和 hummus）

炸豆丸子是将新鲜的蚕豆（或鹰嘴豆）去皮，与香料一起切碎、制成丸子后油炸而成的，搭配奶油状的鹰嘴豆泥（由鹰嘴豆及其他豆子加香辛料制成）食用。炸豆丸子起源于埃及，在整个中东地区广泛流行。

辣肉饼（hawawshi）

这是一种夹有肉末、洋葱、欧芹、辣椒，在烤箱中烤制而成的面食，经常被人们作为街边小吃享用。

科夫塔（kofta）

整个中东地区都流行这道菜肴。它是将牛肉和羔羊肉剁成末，用洋葱和香料调味后，包在烤肉叉上团成团，烤制而成的。

沙威玛（shawarma）

将肉（羊肉、鸡肉、牛肉等）切成块，穿在旋转的烤肉叉（通常垂直摆放）上慢慢烤制而成。烤得冒油后将肉片下，包入长条状的薄饼中，搭配上番茄、青椒、酸黄瓜、洋葱、奶酪及各种酱料食用。

美食趣多多

在埃及，人们进餐时喝的饮料也多种多样。热饮有薄荷茶和阿拉伯式咖啡等。而在冰镇或常温的饮料中，各种果汁也非常受人们欢迎，如甘蔗汁、罗望子汁、杧果汁、柠檬汁、椰汁等。

塞内加尔和
尼日利亚

塞内加尔被认为是西非国家中饮食种类最丰富且最富有想象力的，而且，由于受到法国、葡萄牙和马格里布地区的影响，塞内加尔的饮食与其邻近国家的并不相同。尼日利亚的饮食则是辛辣可口的，尼日利亚人经常使用的棕榈油和花生给许多菜肴增添了非常独特的味道。

在这两个国家，人们可以脱掉鞋子后坐在地毯上吃饭，但不要让其他用餐者看到脚底。通常情况下，人们需要用右手从盘子里取出自己的食物。记得永远不要把食物吃光，以意味着食物是足够的。

早餐、小吃有什么？

在塞内加尔，人们以夹有奶酪、金枪鱼（或沙丁鱼酱）、蛋黄酱的法式长棍面包（baguette）开始新的一天。喜欢吃甜点的人可以享用硬质小麦粗面粉布丁（thiakri），它是使用库斯库斯混合酸奶、葡萄干和炼乳，或者巧克力和果酱制作而成的，冷藏后食用味道最佳。常见的小吃有甜味的或咸味的沙烤花生，还有腰果、腌制青杧果、鲜枣（或干枣）、烤玉米等。

在尼日利亚，早餐可以吃米饼（masa）：将大米浸泡、粉碎后加入酸奶和糖，让它发酵，然后将它置于陶土模具中加热到熟，搭配蜂蜜或南瓜汤（miyan taushe）一起食用。可以用来做甜点的是非洲玉米布丁（ogi，一种使用玉米、高粱和小米发酵而成的谷物布丁）。

午餐、晚餐吃什么？

塞内加尔人认为午餐是一天中主要的一餐（有时它也是唯一的一餐）。他们的午餐菜肴是以木薯、小米或福尼奥米（fonio，一种可以用来替代小麦的谷物）搭配其他食材制成的。比如西布吉安（ceebu jën），塞内加尔的一道国菜，是以炒饭和番茄酱搭配炸鱼和蔬菜等烹制而成的。塞内加尔人晚餐通常吃较为清淡的菜肴，如沙拉或小米库斯库斯（cérè，一种使用小米制成的库斯库斯，搭配肉酱和蔬菜食用）。

在尼日利亚，人们往往会使用各种各样的香辛料，以使菜肴具有浓郁的风味。吃从市场上购买的菜肴已经是尼日利亚人的一种普遍习惯，人们经常购买的是一种用去皮豇豆和洋葱制成的、以虾和腰果做馅料的油饼。

塞内加尔

极富特色的地域美食

花生酱蔬菜炖肉（mafé）

将花生酱与煎肉、香料和叶类蔬菜混合炖煮而成，搭配米饭食用。这是在尼日利亚也很流行的一道菜。

秋葵酱虾汤（soupkànj）

这是使用秋葵酱、虾和棕榈油烹制而成的一道汤，搭配米饭食用。

柠檬鸡（yassa）

将用柠檬汁腌制的鸡肉油炸或烤制后，搭配洋葱酱和白米饭食用。

炸鱼套餐（firir）

炸鱼搭配洋葱酱、沙拉、番茄酱和炸薯条一起食用。

炸鱼丸（bulett）

炸好的鱼丸可以搭配面包一起食用。

阿塔亚绿茶（ataaya）

这是一种非常甜的绿茶。人们在饮茶时，会将茶壶中的绿茶以一种精确的角度从高处倒入茶杯中，从而使绿茶产生丰富的泡沫。泡沫越丰富，表示茶越好。

尼日利亚

极富特色的地域美食

沃洛夫特色米饭（jollof rice）

这道米饭菜肴原料丰富，有大米、番茄、辣椒粉等，可以搭配蒸豆布丁（moimoi）和炖菜一起食用。

炖肉糙米饭（ofada rice and stew）

将糙米与炖肉、洋葱、辣酱、棕榈油、香蕉一起放在一片叶子上上桌的一道菜。

奥格博诺汤（ogbono）

使用坚果、野生杧果、棕榈油、小牛肉、虾米、绿叶蔬菜、番茄、秋葵等制作的一道汤，搭配米饭或芋头食用。

瓜子汤（egusi soup）

这道汤在其他西非国家也很常见，是使用甜瓜子（或南瓜子）混合绿叶蔬菜、秋葵、番茄、辣椒、洋葱、肉（或鱼）制成的。

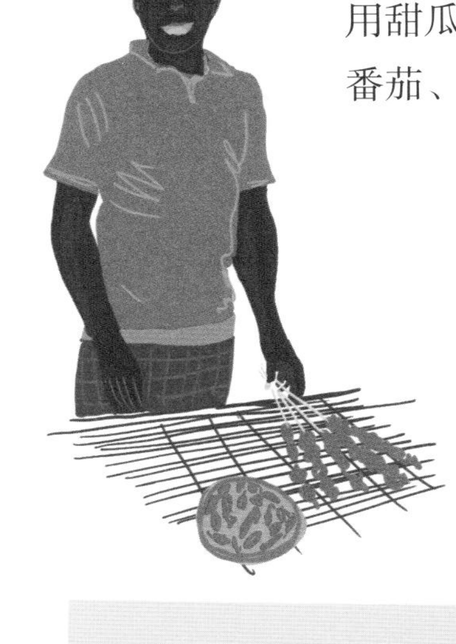

苏雅烤串（suya）

将用香辛料、植物油、花生酱腌制的牛肉串或鸡肉串置于烤架上烤制而成，搭配非洲玉米布丁一起食用。

常备食材有哪些？

在这两个国家人们的食品柜和冰箱中，木薯块根不可或缺，它富含淀粉及其他碳水化合物，还可以被制成木薯粉。人们常备的食材还有诺克斯混合酱（nokoss）、干燥的和新鲜的花生、番茄、卷心菜、胡萝卜、棕榈油、秋葵等。另外还有用于制作酱汁肉丸的豆子、红茄、牛肉、羊肉和鸡肉，以及柑橘、杧果、番石榴、百香果、木瓜、椰子等水果。

美食趣多多

特兰加（teranga）是塞内加尔的别称，意思是好客。在塞内加尔，游客们都能享用最好的美食，并享受最周到的服务。尼日利亚和加纳这两个国家不断以官方比赛的方式挑战对方，看谁做出了更美味的沃洛夫特色米饭，以争夺这道菜的原产地之名。

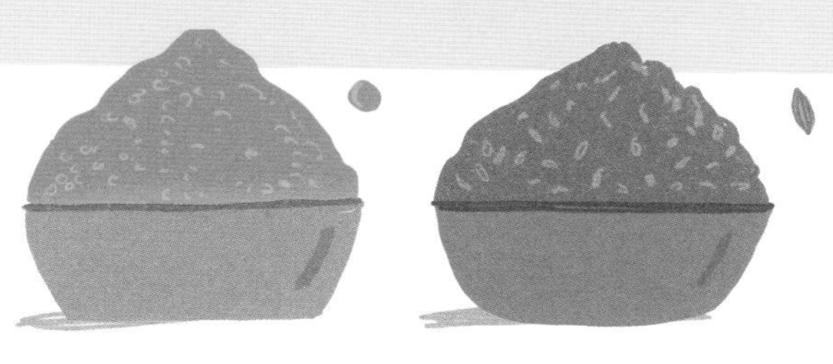

肯尼亚和索马里

肯尼亚和索马里位于非洲大陆东北部（即非洲之角），这里的饮食文化非常古老，并受到阿拉伯、印度和伊朗（过去称为波斯）文化的影响。这里的人们在就餐时不习惯使用餐具，而是直接用手从中间的大餐盘上取食，这对来到此地的食客来说是一种独特的体验。

早餐吃什么？

在肯尼亚，人们在早餐时可以喝印度奶茶（chai，这种奶茶需要长时间煮制，并且非常甜），或者马萨拉茶（masala chai，这种奶茶里面加有豆蔻和肉桂等香料），早餐可以吃谷物糊（uji，一种使用玉米面、高粱面等谷物粉制成的浓稠的面糊，在其他非洲国家也很常见）。或者油炸糖三角（mandazi，将加入椰奶调味后发酵的面团油炸，撒上糖粉和肉桂粉制成，也可以作为小吃享用）。

同样在索马里，新的一天人们也是以喝茶（红茶或者香茶）开始的。如果在这杯茶中加入炼乳、丁香和糖，人们便称其为哈勒布沙伊奶茶（shai haleeb）。与饮品搭配食用的有可丽饼（canjeero 或 lahooh），还有煎肉块（用无水黄油煎制而成）、炸牛肝或者干肉条（muqmad）。

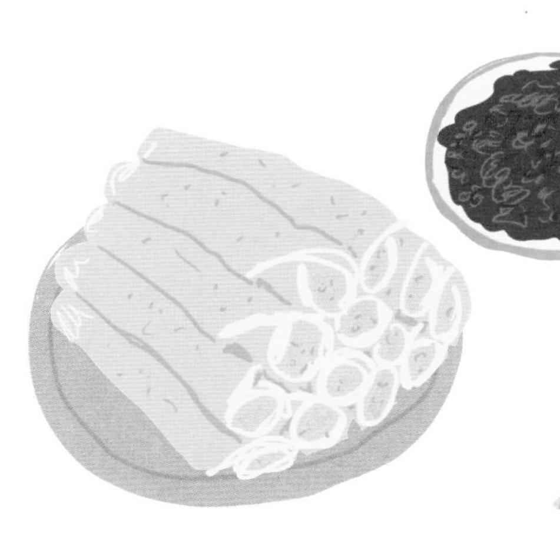

午餐、晚餐吃什么？

在肯尼亚，人们随处都可以见到乌伽黎（ugali，一种使用白色玉米面或者木薯粉加沸水制成的主食），它可以与羽衣甘蓝、甜菜、卷心菜或南瓜一起食用。

因为索马里曾是意大利的殖民地，因此，这里的人们食用巴斯托意大利面（baasto），用番茄酱和很多种调料调味，并用一根香蕉作为装饰。和许多其他非洲国家一样，在索马里，人们也经常食用浓稠的、呈块状的玉米面糊（soora，一种使用白色玉米面或高粱面制成的面糊），人们用右手把面糊滚成一个圆球，用拇指按压圆球呈凹陷状，把炖好的肉或者蔬菜，如玛拉克炖汤（maraq，一种蔬菜炖肉汤）放入其中食用。

肯尼亚

极富特色的地域美食

烤肉（nyama choma）

烤绵羊肉或山羊肉，只用盐和胡椒粉调味。烤肉可以用手撕着吃，并搭配乌伽黎一起食用。

恰巴提薄饼（chapati）

这是与印度薄饼相似的一种薄饼，在东非地区的家庭餐桌上很常见。修建肯尼亚铁路的印度人把这种薄饼带到肯尼亚，因此几乎所有的肯尼亚人都吃这种薄饼。肯尼亚的三角馅饼（sambusa）源于印度咖喱角（samosa，像油炸春卷，但皮更厚），也是同样的由来。

马铃薯沙拉（irio）

这是一道肯尼亚常见的菜肴，是将马铃薯泥、豌豆和玉米粒混合在一起制作而成。

马铃薯蔬菜泥（mukimo）

将马铃薯、豌豆、南瓜叶或菠菜叶煮熟后捣成泥状，然后与玉米粒混合在一起。

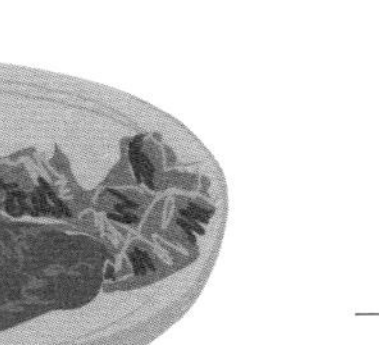

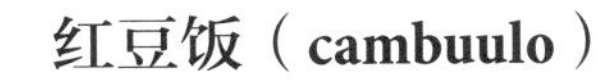

索马里

极富特色的地域美食

煎饼和烘饼

索马里煎饼（sabaayad 或 kimis，类似于印度的帕拉塔饼）是一种用少许油煎制的面饼。而穆福饼（muufo）是使用玉米面为原料，在陶土烤炉中制作的一种烘饼。

玫瑰酱甜点（buskud iyo xalwo）

将无水黄油、香料（肉豆蔻、豆蔻、藏红花）和玫瑰汁混合在一起制成浓稠的甜酱料，涂抹在面包或饼干上食用。

香料饭（bariis iskukaris）

这是使用印度香米和山羊肉烹制而成的一道节日菜肴，其美味的秘诀在于阿瓦什香料（xawaash，一种使用黑胡椒、香菜、孜然、姜黄、肉桂、豆蔻和丁香制作的复合香料），每家都有自己的秘密香料配方。

红豆饭（cambuulo）

这是一道为索马里人所熟悉的晚餐菜肴，使用印度香米和红豆煮制而成，搭配芝麻油和糖一起食用。

埃塞俄比亚和厄立特里亚

这两个国家拥有共同的饮食习惯以及共同的日常食物，如英吉拉薄饼（injera）、炖肉和炖菜、柏柏尔香料（berberé，一种香料混合物）和咖啡。英吉拉薄饼是圆形的，表面有海绵状的小孔。和其他许多非洲国家一样，这里的人们习惯使用右手撕开薄饼，将肉和菜放在上面，包成一口大小后食用。如果薄饼颜色深、厚实且质地比较粗糙，说明它是用小米面或高粱面制作的；反之，如果薄饼颜色浅、质地绵软、表面光滑且吃起来有酸味，则说明它是用当地一种被称为苔麸（teff）的谷物制作的，苔麸发酵后具有独特的酸味，从而能中和许多菜肴的辛辣口味。

早餐、小吃有什么？

英吉拉薄饼是早餐的主角，人们通常会将前一天的剩菜再加工一下作为早餐。炖菜泡饼（injera fit-fit）是将英吉拉薄饼撕成碎片，与柏柏尔香料、洋葱、无水黄油、青椒、酸奶和吃剩下的炖菜（wat）混合在一起食用。而酱汁库尔查饼（kitcha fit-fit）是将库尔查面饼切碎后，与柏柏尔香料和无水黄油混合而成，搭配酸奶食用。谷物糊在这里也很常见，其中比较特别的一种谷物糊被称为艮佛（genfo），是使用大麦粉或小麦粉制作的，其形状像布丁，其中间凹陷的部位往往加入黄油和柏柏尔香料，四周淋上酸奶，搭配蘸上酱汁的面包片食用。人们可以去品尝杜莱特（dulet），这是一种使用碎牛肉及羊肝、羊肚等内脏，加入辣椒和英吉拉薄饼制作而成的菜肴。如果人们想吃小吃，可以品尝用大麦、花生和鹰嘴豆烤制而成的烤杂豆（dabo kolo），或者尝一尝烤大麦（kolo），一种类似于爆米花的小吃，还可加入花生或其他坚果。

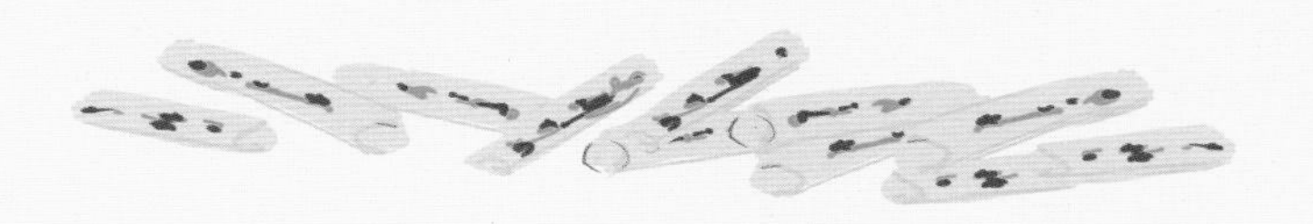

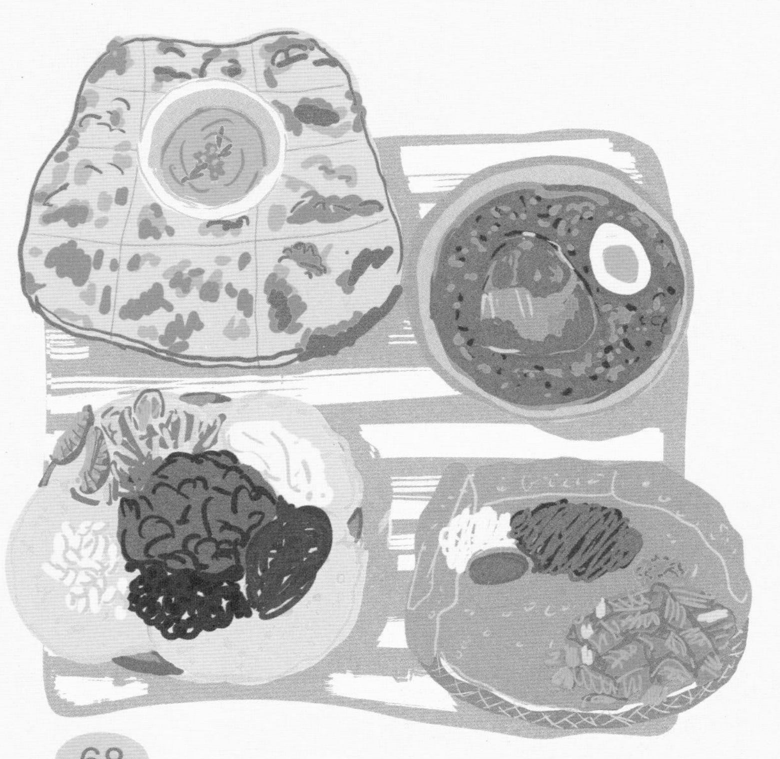

午餐、晚餐吃什么？

在每天的主餐中，厄立特里亚炖菜很常见，是将肉类（牛肉、鸡肉、羔羊肉、山羊肉）、豆类（干豌豆或扁豆）、蔬菜（马铃薯、胡萝卜、甜菜、红洋葱）、柏柏尔香料（由辣椒、丁香、生姜、香菜等制成的香料混合物）、无水黄油一起炖煮而成的一道菜肴。生肉料理被认为是国宴级美食，包括生红肉块（tere sega，被切成方块状食用）和生碎牛肉（kitfo）。生碎牛肉是在无水黄油和米特米塔辣椒粉（mitmita，是埃塞俄比亚使用的一种辛辣的辣椒粉）等香料中腌制的一种碎牛肉。

极富特色的地域美食

炒羊肉或牛肉（tibsi）

这是使用无水黄油、大蒜、洋葱（有时会用番茄）、羊肉或牛肉，以及其他香料烹炒而成的一道菜。

鹰嘴豆酱（shiro wat）

使用鹰嘴豆粉，加入姜、番茄丁、大蒜、辣椒、柏柏尔香料制成的素食酱料。

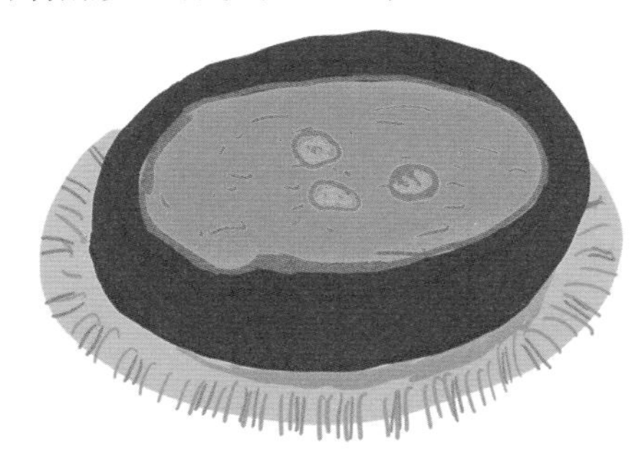

炖素菜（alicha）

这是一道使用胡萝卜、马铃薯、卷心菜、洋葱和香料炖制而成的素食菜肴。

炖扁豆（tum'tumo）

以扁豆为主料，加入番茄酱、柏柏尔香料、大蒜和洋葱做成的一道炖菜。

提格里丸子（tihlo）

将大麦粉做的小丸子烤熟后，蘸上用红辣椒、番茄酱、柏柏尔香料、洋葱制成的酱料食用。

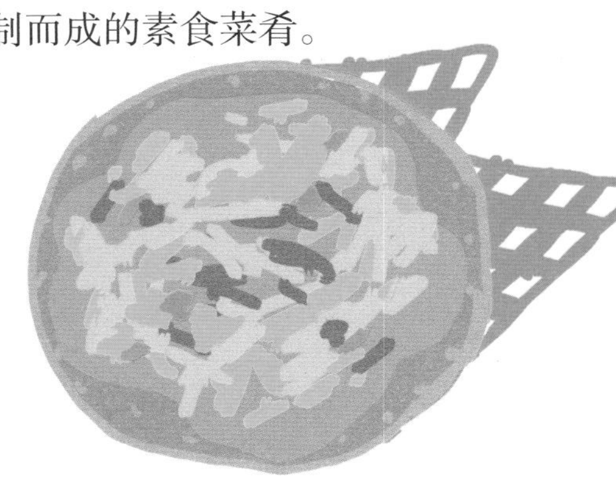

蚕豆泥（hillbet）

将熟的蚕豆捣碎制成的蚕豆泥，可以加入用洋葱、青椒和番茄制作的沙拉中食用。

美食趣多多

埃塞俄比亚是咖啡主要的生产国之一。在这里咖啡被称为布纳（buna），饮用咖啡有一个传统的仪式：客人至少喝三杯，第一杯叫作“阿部”（abol），第二杯叫作“托纳”（tona），而最后那杯叫作“莫卡”（bereka），代表埃塞俄比亚人的祝福。

南非和
马达加斯加

自十七世纪中叶以来，很多国家的人们陆续来到南非，包括荷兰人、英国人、法国人、葡萄牙人、印度尼西亚人、马来西亚人……他们带来了自己国家的饮食习惯、口味和食物，与当地土著人的菜肴相融合，产生了“彩虹之国”的美食。在马达加斯加这个大的岛屿上也曾来过欧洲人、亚洲人和非洲其他地方的人，从而在当地人的饮食习惯上留下了印记。米饭在人们的生活中是不可或缺的，甚至有人说，如果一点米饭都不吃，就无法入睡。人们在用餐期间，可以喝锅巴米茶（ranovola），即用做米饭时留在锅底的锅巴煮成的饮料。

早餐、小吃有什么？

在南非，硬脆饼干（beskuit）是新一天开始时的传统食品，这种饼干看起来像放置时间过长的面包，实际上是因为其在烤箱中被烘烤过两次所导致的。硬脆饼干可以泡咖啡、路易波士茶（rooibos，使用南非特有的一种灌木植物的针状叶子制成，含有丰富的维生素，不含茶碱）食用。牛奶糊（melkkos）是将黄油和面粉混合成面粉块，再用牛奶烹煮，并加入肉桂和黄油调香而成。早上，人们可以喝一杯阿玛西酸奶（amasi），这是将未经高温消毒的鲜奶在葫芦里发酵制成的。最受欢迎的咸味小吃是比尔通（biltong），是以鸵鸟肉、羚羊肉或水牛肉为原料，用香料腌制并风干四天后制成的肉干。另一种常见的小吃是油炸面团（vetkoek），将轻微发酵的面团油炸后夹入肉馅；如果是甜口的，则夹入蜂蜜或果酱。在马达加斯加，早餐时的餐桌上经常会有用白色大米或红色大米制成的一种米粥（vary sosoa）。

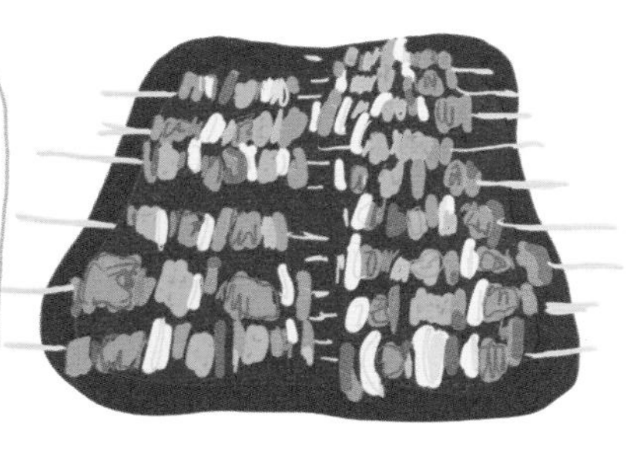

午餐、晚餐吃什么？

南非人很喜欢外出就餐，他们喜欢去一些能够提供外国美食的餐馆，然而在家用餐时，尤其是在周末，人们会在烤架上烤肉（braai）。除了烤各种肉类之外，也可以烤辛辣的农夫香肠（boerewors）和索沙提肉串（sosaties，将肉块和洋葱、辣椒、蘑菇等蔬菜以及杏干、李子干穿在一起，用酱料腌制后烤制）。

在马达加斯加，主食也是以米饭为主。米饭有很多种配菜，其中最常见的配菜是花生炖肉或鱼（voanjobory sy henakisoa）和红薯叶炖干虾（ravimbomanga sy patsamena）。

南非

极富特色的地域美食

恰卡拉卡辣酱（chakalaka）

这是使用番茄、洋葱、大蒜、青豆、胡萝卜、红辣椒、青辣椒制作的一道辣酱，一般搭配少盐寡味的粥来食用，例如用玉米糁（samp，即一种粗加工的碎玉米粒儿）制成的粥。

波波提（bobotie）

这是一道味道丰富的菜肴。在经过咖喱调味的碎牛肉中，先加入生姜、马郁兰和柠檬皮，再加入葡萄干和杏干烹制。在烹饪过程中，将浸有牛奶和鸡蛋的面包盖在上面，在菜肴表面形成一层柔软的外壳。

牛奶玉米粥（putu pap 或 krummelpap）

一种甜口（加入牛奶和糖）或者咸口的白玉米粥，可以搭配肉类和辣酱食用。

玉米粥（polenta）

在南非，有各种各样的玉米粥，例如奶油玉米粥（mieliepap），经常出现在南非人的午餐或晚餐中。玉米粥一般用白玉米面制成，并搭配肉酱食用。也可以换成高粱面制作，并让高粱面发酵几天，使这道粥散发出更加浓郁诱人的味道。

马达加斯加

极富特色的地域美食

三足铁锅炖肉（potjiekos）

将肉类和蔬菜分层铺放在户外的三足铁锅中，以炭火加热，加入啤酒炖煮而成。

炖牛肉汤（romazava）

将牛肉与番茄、洋葱、生姜一起炖制，并加入一种带有黄色花朵的极其辛辣的草本植物调味后制成的一道汤。这是马达加斯加的一道国菜。

木薯椰奶炒肉（ravitoto sy hena kisoa）

用炒猪肉搭配捣碎的木薯叶和椰奶制成的一道菜。

烤布丁（asynpoeding）

这是一种在马达加斯加非常流行的布丁，使用面粉、鸡蛋、黄油和杏酱制成，用醋和糖浆调味，搭配奶油或冰激凌一起食用。

甜点

最著名的甜点是杏仁奶糊（boeber），是一种用汤匙品尝的甜点，以粉丝、香料、牛奶、糖、淀粉、玫瑰汁、杏仁制成。油炸小麻花（koeksister）是将轻微发酵的面团制成辫子状，在油炸之后，马上浸入冰糖浆中，使其外表形成金黄色的脆皮，同时里面保持松软。

亚洲
和大洋洲

土耳其

土耳其人综合了其周边众多国家和地区的菜肴，将其融入自己的菜系中，又进而影响了许多国家和地区的美食。

早餐吃什么？

土耳其人有很多种早餐组合来开始美好的一天，他们可以选择鸡蛋、奶制品、腌肉、黄油、果酱、蜂蜜、酥皮面点、佛卡夏面包、青椒、黄瓜、番茄等。奶制品中，新鲜的浓厚奶油（kaymak）流行于整个中东地区，贝亚兹·佩尼尔奶酪（beyaz peynir）是一种细致紧密的白色奶酪。在猪肉制品中，香辣香肠（sucuk）和帕斯蒂尔马（pastirma，一种经过盐渍、加香料调味并轻微发酵的咸肉）是不可或缺的。

尤夫卡薄饼（yufka）是一种非常薄的面饼，用于制作博雷克饼（börek）。博雷克饼是一种酥皮点心，加入了新鲜奶酪，可以做成封口的馅饼，也可以做成卷状。典型的土耳其早餐还有西米特（simit，上面覆盖着芝麻的面包圈）以及波阿萨（poğaça，一种佛卡夏面包），另外还有土耳其炒蛋（menemen，一种放有番茄、青椒、洋葱、香料的炒鸡蛋）和西尔比尔（çilbir，用荷包蛋搭配酸奶制成）。

在早上，人们可以将千丝糕（kadayif）作为甜点。这是一种相当精致的食物，做法如下：将油酥面团切成细丝，混入切碎的开心果仁，油炸后淋上糖浆。

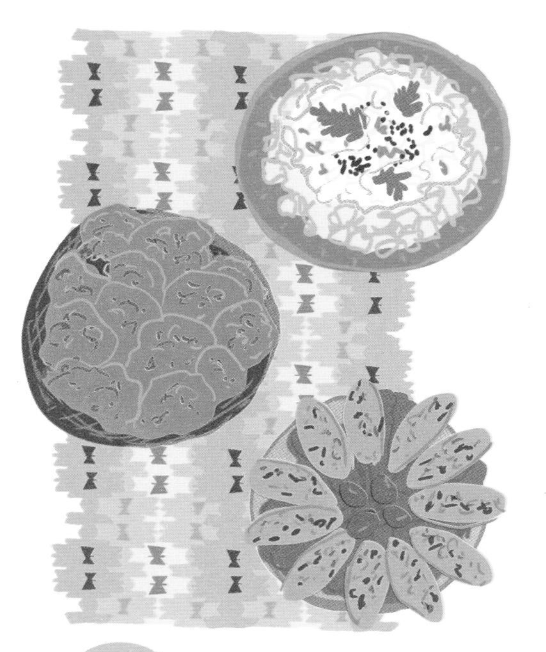

午餐、晚餐吃什么？

与地中海和中东地区的一样，土耳其人的午餐和晚餐也是从开胃菜开始的，同时有大量的小菜供选择。然后是一道汤，也可以选择塔尔哈纳（tarhana），它是由发酵小麦和酸奶的混合物加入水制成的。

土耳其饺子（manti）是一种肉馅饺子，煮熟或蒸熟后搭配酸辣酱、大蒜、香草食用，是一种常见的主食。常见的蔬菜类菜肴有炸脆饼（mücver，使用西葫芦或马铃薯，以及鸡蛋、洋葱、奶酪和面粉制成）、红扁豆肉丸（mercimek köftesi）、橄榄油沙拉（zeytinyağli yemekler，一种冷盘），酿蔬菜（dolma，里面可以塞满其他蔬菜、米饭，甚至肉类）也很受欢迎。这些菜肴可以搭配酸奶和香草一起趁热食用。

常备食材有哪些？

茄子、青椒、洋葱、扁豆、芸豆、番茄、开心果、栗子、杏仁、榛子、核桃和香辛料（如孜然、黑胡椒、辣椒粉、薄荷等）等都可以在室内市场中买到，土耳其家庭中永远不会缺少这些。酸奶在土耳其人的厨房中扮演着非常重要的角色，因为它可以用来搭配许多菜肴。将酸奶与黄瓜、大蒜、欧芹混合，可以做成黄瓜酸奶酪酱汁（cacik），一种类似于希腊的酸奶黄瓜酱的咸酱。

除了蜜糖果仁千层酥之外，土耳其众所周知的甜点还有很多，如：库内菲（künefe），它浸过糖浆的面皮薄薄的，里面夹着一层层的奶酪，表面撒着开心果碎。托伦巴（tulumba）是一种圆筒状的油炸食品。土耳其还有许多种用勺子吃的甜点，例如土耳其牛奶布丁（muhallebi），一种使用大米、牛奶、糖、玫瑰花液（或茉莉花液）制成的布丁。鸡肉牛奶布丁（tavuk göğsü）是一种很特别的布丁，是用鸡胸肉、牛奶、大米、肉桂为原料制作而成的。

极富特色的地域美食

在土耳其，饭馆经常担任流动小贩的角色，提供举世闻名的烤肉串。烤肉串味道鲜美、经济实惠，是将成块的羔羊肉、牛肉或鸡肉穿成串后烤制，烤好后切成小块，搭配酱汁和蔬菜食用的。这道美食有许多版本，烹调方法不同，味道也不同。

土耳其肉夹馍（döner kebab）是将肉分层穿在一个垂直转动的大铁条上烤好，切碎后夹入柔软的空心三明治面包中制成的。土耳其烤肉卷（dürüm kebab）则是将切碎的烤肉放入一个面饼中卷起来吃的。阿达纳烤肉串（adana kebab）是将手工切碎的羊肉，搭配胡椒和红辣椒，穿成串后放在铁架上烤制而成的，可以搭配沙拉、佛卡夏面包和碎小麦粒（bulgur）食用。伊斯坎德尔烤肉串（iskender kebab）搭配番茄酱、酸奶和化开的黄油食用，通常还要搭配萝卜汁一起吃。

土耳其的街头小吃还有：薄荷肉丸，穿成串后放在铁架上烤制而成；土耳其薄馅饼（gözleme），一种可以根据个人喜好搭配馅料的馅饼，在铁板上烤制而成。最受欢迎的街头小吃有：烤羊肠（kokoreç），切碎后放入三明治面包里食用；烤马铃薯三明治（kumpir）是用叉子将烤马铃薯叉开，加入黄油和奶酪，以及各种配料（如酱汁、泡菜、香肠片等）后食用的。

土耳其的特色菜肴还有土耳其薄饼比萨（lahmacun），一种加有碎肉、香料、碎蔬菜的比萨。

在停泊在港口的船上，人们可以买到烤鱼三明治（balik ekmek），这是一种夹有炸鱼片或烤鱼片的三明治。

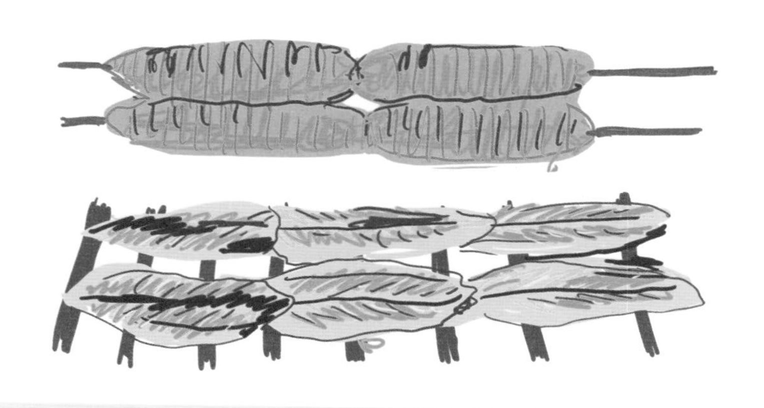

美食趣多多

土耳其小麦粥（keşkek）是一种将肉类、碎小麦粒等混合在一起炖制而成的土耳其特色美食。早在 2011 年，这道美食就已经被联合国教科文组织列入了《人类非物质文化遗产代表作名录》。

黎巴嫩

黎巴嫩位于中东地区，该国温和的气候有利于耕种。饮食受到多种文化和宗教的影响。黎巴嫩菜肴在中东地区以精致和丰富著称。

早餐吃什么？

对于黎巴嫩人来说，早餐是非常重要的。一般情况下，扁面包（ṣāj）是不可或缺的，搭配扎塔尔酱料（za'atar）食用，也可搭配浓缩酸奶酪（labneh）、鹰嘴豆泥（以鹰嘴豆、芝麻酱、柠檬汁、大蒜制成）、炖豆（ful medames，使用碎蚕豆、鹰嘴豆、柠檬汁、油、孜然、大蒜、香菜制成），或者搭配切开的番茄、撒上薄荷和橄榄一起食用。还有卡克三明治（ka'ak，用撒满芝麻的甜甜圈面包制成，可以搭配奶酪食用）和肯纳夫奶酪蛋糕（knefeh，是一种甜品，底层是奶酪制成的，上层是粗面粉和黄油制成的，淋上糖浆调味）。早餐时人们还可以喝红茶。

午餐、晚餐吃什么？

当所有菜肴都摆放在餐桌上之后，人们就可以开始进餐：沙拉、汤和主菜，搭配扁面包或者黎式面包（khobez，一种外表鼓起的圆形面包）。午餐时间大约为 14 时，而晚餐时间大约为 21 时。

常备食材有哪些？

根据季节不同，有胡萝卜、西葫芦、茄子、菊苣、番茄、蚕豆等蔬菜。另外，香辛料是不可缺少的，例如，漆树粉（sumac，一种带有酸味和果香味的漆树浆果，干燥并粉碎后使用）、孜然、香菜、欧芹、百里香。

路边小吃有圆形硬饼干，里面夹有奶酪、花生或腰果、西瓜子或南瓜子、杏仁和裹着糖的烤鹰嘴豆。

极富特色的地域美食

扎塔尔酱料（za'atar）

这是一种用百里香、芝麻和盐混合后制成的酱料，也可以加入其他香料。这种酱料一般会保存在油中或盐中，也可在阳光下晒干后保存。可以用于面包、肉类、蔬菜的调味，将其与橄榄油或浓缩型酸奶混合后，还可以涂抹在扁面包上食用。

塔布勒沙拉（tabbouleh）

一种使用碎小麦粒（炒熟碾碎的小麦粒）搭配大量欧芹、番茄，并用柠檬、薄荷调味的沙拉。

茄泥酱（moutabal 或 baba ghanoush）

将烤茄子制成糊状，加入芝麻酱、柠檬汁、盐、油混合而成。

甜点

与其他地中海国家一样，在黎巴嫩，蜜糖果仁千层酥（用油酥面团加入干果制成）和切糕（halva，用芝麻面团撒上水果和坚果制成）随处可见。在贝鲁特，备受欢迎的甜点是大米布丁（moufataka，使用大米、芝麻酱、姜黄、松子制成）。米粉布丁（meghleh，使用米粉、肉桂、榛子、杏仁、松子、开心果制成）可以用来庆祝新生儿的诞生，也是圣诞甜点。在复活节，则吃阿拉伯枣子饼（maamoul，使用无花果、红枣或其他干果做成的脆饼，在烤箱里烤制而成）。

阿拉伯蔬菜沙拉（fattoush）

使用黄瓜、番茄、油、皮塔饼、生菜或乌塌菜制成的一种沙拉。

鹰嘴豆泥（hummus）

使用鹰嘴豆和大蒜制成的糊状食品。

炸豆丸子（falafel）

用鹰嘴豆做成的炸丸子，有时也会添加蚕豆，配以芝麻酱和沙拉，夹在面包中食用。

扁豆米饭（mujadara）

将红色或绿色的扁豆制作成菜肴，搭配米饭和炒洋葱一起食用。

葡萄叶包饭（warak enab）

用葡萄叶将肉和米饭（或者只有米饭）包起来，搭配柠檬酱食用。

羔羊肉丸（kibbeh）

使用羔羊肉、碎小麦粒、柠檬、洋葱和薄荷制成的一种肉丸，也可以生着吃。

屠户们在商店门前拥有自己的烤肉架，售卖肉丸和肉串等肉制品，其中一种叫沙威玛（shawarma）的烤肉很受欢迎，它是将肉放置在一个位于烤炉前的、能够自由转动的垂直铁烤架上烤制的。肉烤熟后，用刀从下向上将其切割成条状，以便于夹入面包中食用。

美食趣多多

典型的黎巴嫩菜肴在主菜之前先上单份菜品，人们用手拿取食物，并与朋友们分享。节日是备受期待的，在节日期间，大家待在餐桌旁的时间比往常更长。

伊朗

伊朗位于中东地区，因其与高加索地区和阿拉伯半岛相连，被称为是亚洲的门户。古代伊朗名为波斯帝国，建立于公元前500多年，曾经是一个富有而强大的帝国，从那时起，与该国往来的许多国家的人们带来的文化和美食在这里交织融合。该国菜肴的特点为酸甜口味，多使用新鲜水果（李子、杏、石榴、木瓜……）、干果（葡萄干和柠檬干）、肉类、蔬菜、香辛料（尤其是藏红花、肉桂、辣椒和姜黄）烹制。

早餐吃什么？

伊朗人的早餐食物主要有面包、黄油、果酱、蜂蜜和一种奶油状的酸奶（sarshir）。人们还喜欢吃一种营养丰富的咸味炖肉（pache，主要以牛肉或绵羊肉炖制而成，动物的头、蹄和内脏也包括在内）。

午餐、晚餐吃什么？

人们在就餐时，只需将一块桌布铺在地上，就可以作为餐桌使用。主菜位于中心位置，周围都是开胃菜、酱汁和其他调味料。菜肴可以搭配米饭食用。米饭的做法是：将大米冲洗后，先在盐水中浸泡几个小时，再煮一段时间，最后蒸熟，得到松软的米饭（chelow），有时配上一块黄油和一个生蛋黄食用。在米饭中加入香辛料、蔬菜、水果、肉类等就可以制成手抓饭（polow）。菜肴也可以搭配许多不同类型的馕食用，包括薄而蓬松的塔夫顿馕（taftun），在石头上烤熟的、扁平的桑加克馕（sangak），以及一种非常薄的、扁平的拉瓦什馕（lavash）。水果是永远不可或缺的，人们会尽可能地选用新鲜水果，当然干果也可以。至于饮品，可以选择石榴汁、胡萝卜汁和酸奶饮品（doogh，一种流动性非常好的咸味酸奶）。

极富特色的地域美食

汤

进餐通常以汤开始。除了蔬菜汤（sup）之外，还有各类浓汤，例如用豆类、香辛料，有时也加入肉制作的阿什浓汤（āsh）和用酸奶、菠菜或甜菜制成的波拉尼浓汤（borani）。

伊朗式炖菜（khoresh）

伊朗式炖菜是总称，此类炖菜有许多种，总是搭配米饭（有的加入藏红花）一起食用。最常见的炖菜有羊肉豌豆炖菜（khoresh gheymeh，用羊肉、番茄、豌豆、洋葱、柠檬干烹制而成）和鸡肉炖菜（khoresh fesenjān，用鸡肉、核桃和石榴烹制而成）。

叶子饭卷（dolma）

即葡萄叶或卷心菜叶包制的饭卷，里面塞满了肉、米饭、香辛料。

波斯藏红花脆太妃糖（sohan）

使用小麦芽、蛋黄和藏红花制作而成的一种糖果。

杏仁脆糖（sohan asali）

使用杏仁、腰果、蜂蜜和藏红花制作的一种松脆的糖果。

油炸杏仁糕（qottab）

一种夹有杏仁馅料的油炸糕点。

手抓饭（polow）

手抓饭种类丰富，如杏仁手抓饭（havij polow，加入胡萝卜、杏仁、橘皮烹制而成的米饭），酸樱桃手抓饭（albaloo polow，可以搭配烤肉或炖肉食用），以及肉类手抓饭（yakhni polow）和蔬菜手抓饭（sabzi polow）。

烤肉（kabab）

用牛肉、羊肉、羔羊肉或鸡肉制成的各类烤肉，有多种口味，如使用欧芹和洋葱调味的烤牛羊肉（kabab koobideh）。

蔬菜蛋饼（kuku sabzi）

添加了蔬菜和香料制成的蛋饼，在烤炉中烤制而成。

希拉兹沙拉（shirazi）

使用黄瓜、番茄、洋葱和柠檬汁制作的沙拉，搭配酸奶酱（mast-o-khiar，使用酸奶、薄荷和大蒜制成的一种酱料，类似于希腊的酸奶黄瓜酱）食用。

牛轧糖（gaz）

一种带有开心果的牛轧糖。

椰枣饼干（kolompe）

使用椰枣和豆蔻制作的一种饼干。

伊朗人非常热情好客：当接待客人时，他们会准备一杯加有方糖或冰糖（nabat chubi，一种带有手柄的冰糖棒，使用藏红花调香）的茶，表示欢迎。

美食趣多多

鱼子酱是世界上最昂贵的食品之一，由里海出产的鲟鱼卵（一种特别珍贵的鱼卵）制作而成的鱼子酱尤为出名。伊朗位于里海的南岸，因此伊朗是世界上鱼子酱的主要生产国之一。鱼子自鱼体中取出后，经过筛检、清洗、腌制处理，需要保存在盐水中。

以色列
和巴勒斯坦

这两国的领土虽然非常狭小，却衔接欧洲、亚洲和非洲。尽管两国一向不能和平相处，但两个国家的人们所烹饪的许多美食都受到其古老的文明和严格的宗教戒律的影响。

共同的特色菜肴有什么？

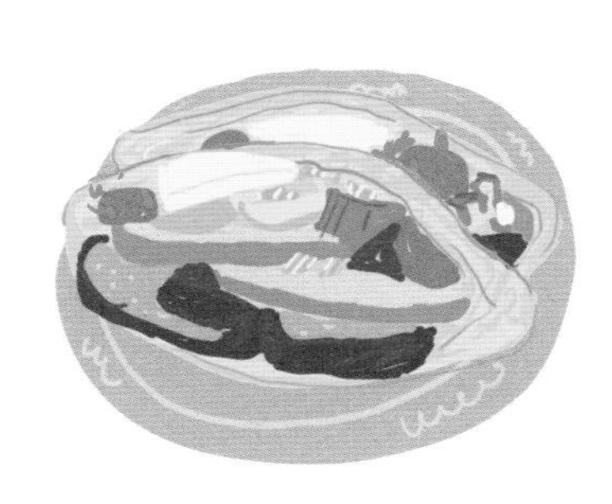

浓缩酸奶酪（labneh）

一种由酸奶制成，并用油和扎塔尔酱料（一种包括百里香、漆树粉和芝麻在内的混合酱料）调味的较浓稠的奶酪。

塔布勒沙拉（tabbouleh）

将碎小麦粒加入番茄、欧芹、薄荷、大蒜、洋葱、油、柠檬汁和盐混合后制作而成的一种蔬菜沙拉。

萨比奇三明治（sabich）

松软的皮塔饼夹着烤茄子片、煮马铃薯、煮鸡蛋、芝麻酱、切碎的蔬菜和安巴酱（amba sauce，一种用杧果制成的酸辣酱）一起食用。

茄泥酱（baba ghanoush）

先将茄子烤熟，使其变得容易剥皮并具有特殊的烟熏味，然后捣成泥糊状，用芝麻酱、油和香料调味。

布蕾卡酥饼（boureka）

一种夹有奶酪、菠菜或蘑菇的酥皮糕点。

鹰嘴豆泥（hummus）

是将鹰嘴豆加入芝麻酱、油、大蒜和盐调味制成的。可以作为早餐单独食用，也可以作为炸豆丸子或羔羊肉丸的配菜食用。

拉法饼（laffa）

一种烤制的面饼，在圆锥形黏土烤炉中烘烤而成。由于这种特殊的烤炉叫作塔布（taboon），因此这种饼有时也称为塔布面饼。这种饼可以用来包着菜肴食用。

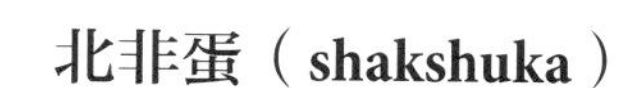

北非蛋（shakshuka）

将鸡蛋加上辣椒、番茄、洋葱和大蒜制成的一道美味菜肴。

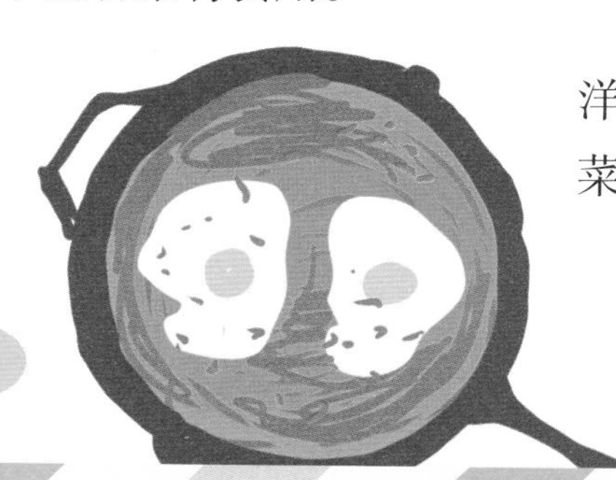

在这里，哈拉瓦切糕（halawa）和蜜糖果仁千层酥等中东地区的经典甜点也很常见。

以色列

以色列菜肴不仅仅是以色列人的饮食，更准确地说，是世界上所有犹太人的共同饮食。根据不同的犹太人族群，其代表菜肴也各有不同。

早餐吃什么？

早餐有牛奶、酸奶、新鲜奶酪等奶制品，鲱鱼、鲑鱼或沙丁鱼，各种鸡蛋制品，蔬菜沙拉，水果，面包，还有果汁、咖啡和茶，但早餐不包括香肠和肉。在特殊的节日里，早餐的食物之一是杰希农甜面卷（jachnun），一种需要在烤炉中整夜烤制的糕点，搭配煮鸡蛋和斯库格辣酱（skhug，使用辣椒和番茄制成的一种酱汁）食用。

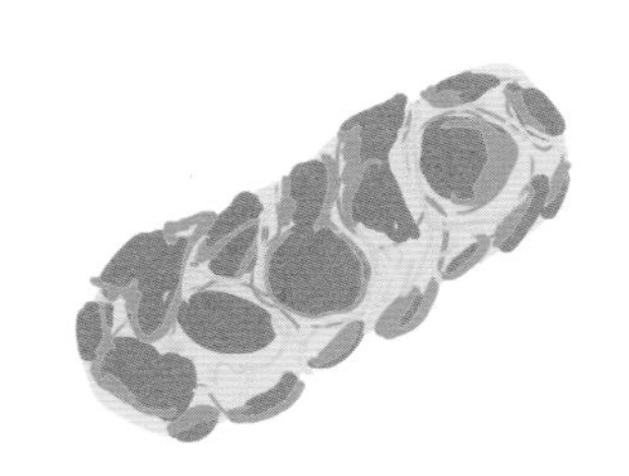

午餐、晚餐吃什么？

以色列人的饮食受到宗教影响较大，在某些特殊的日子里，教徒们不能做任何工作，甚至不能开火做饭，这也就是为什么犹太菜系中有许多种提前准备好的菜肴，例如，哈拉面包（一种加入鸡蛋制作而成的辫子形面包）和霍伦特炖肉（cholent，以肉类、马铃薯、菜豆和大麦制成的炖菜）。

极富特色的地域美食

扁豆洋葱饭（mejadra）

使用米饭、扁豆和炒洋葱制作的一道常见菜肴。

马特布卡沙拉（matbucha）

使用番茄、烤辣椒、油和大蒜制作的一种沙拉，可以作为冷盘，搭配哈拉面包一起食用。

面疙瘩（ptitim）

一种用面粉做成的颗粒状食物，外观类似撒丁岛的鱼子意面，不过，两者的配方是不同的。

克拉依玛烤鱼（chraime）

使用番茄酱和孜然调味制作的烤鱼。

鲤鱼鱼子酱（icră）

用鲤鱼鱼子做成的酱，搭配橄榄、柠檬汁、洋葱、大蒜，涂抹在面包上食用。

鱼饼冻（gefilte fish）

这也许是名气最大的以色列菜肴，使用面粉、鱼肉、鸡蛋、洋葱、碎面包和香辛料制成柔软的鱼糜饼后，再放入鱼汤中煮熟。可以将鱼饼冻切成片状，作为开胃菜食用。

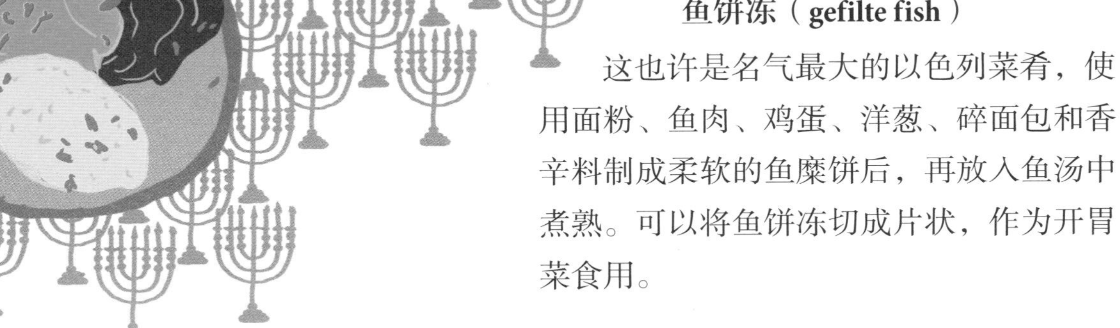

巴勒斯坦

巴勒斯坦饮食与叙利亚饮食、土耳其饮食和伊拉克饮食有许多相似之处。

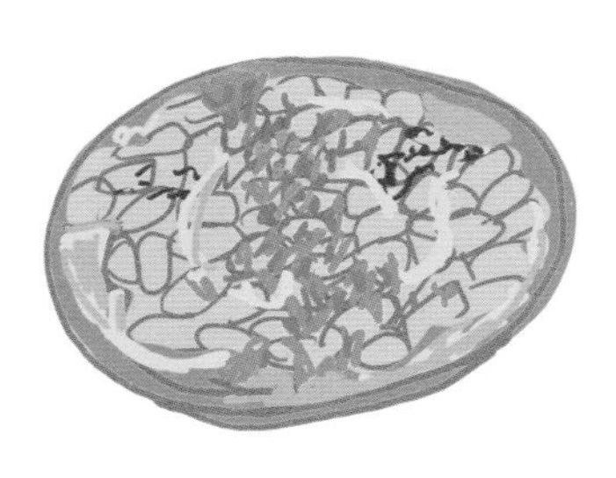

早餐吃什么？

巴勒斯坦人的主餐是午餐，因而早餐和晚餐的饮食则较为简单。全天均可供应咖啡和茶饮，比如薄荷茶、鼠尾草茶等。早餐一般有面包、煮鸡蛋、鲜奶酪、番茄、黄瓜，还有酸奶和大蒜。人们还可以吃到富尔蚕豆泥（ful mudammas，使用煮熟的蚕豆与柠檬、油、辣酱混合制成）或巴勒斯坦烤饼（manakish，使用发酵面团配上百里香、奶酪或肉末制成的一种饼）。甜点多为夹馅食品，例如库纳法，这是一种夹有新鲜奶酪的丝状酥皮点心，上面淋上糖浆并撒上开心果。

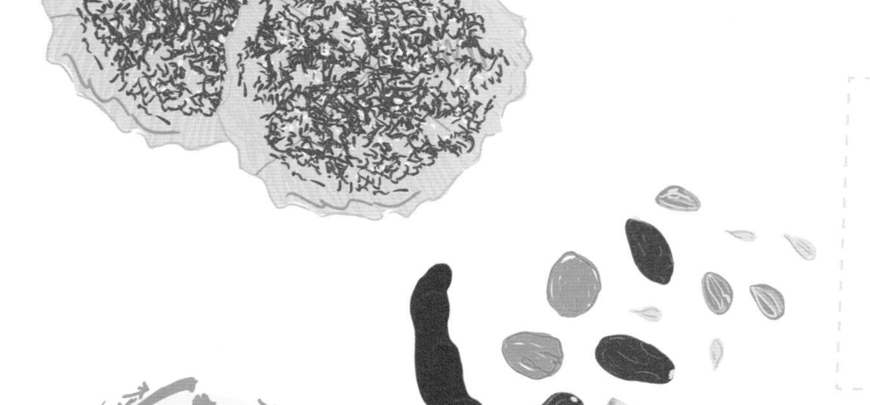

流行的街头小吃是一种夹有沙威玛烤肉、泡菜和调味料的三明治面包。在天气炎热时，喝一杯以罗望子、杏子或者其他水果制成的饮品，会让人觉得舒爽。街头小吃还有枣、开心果、腰果，以及烤制或盐渍的葵花子、南瓜子。

午餐、晚餐吃什么？

大米作为巴勒斯坦人饮食中的重要食材，通常并不单独做成米饭与菜肴搭配食用，而是与蔬菜和肉类混合在一起烹饪，或放入汤中烹制。

午餐的菜肴以肉类和炖菜为主。在晚餐时，人们更喜欢吃沙拉和欧姆蛋饼（omelette，包有蔬菜或肉的煎蛋饼，搭配欧芹、薄荷和小葱食用）。

饭店里有着多种多样的开胃菜，例如，烤串、沙拉、蘸酱汁的面包、酿蔬菜。人们可以一边慢慢享用一边和同席的人聊天。

穆萨汗洋葱烤鸡比萨（musakhan）

在约旦河西岸很流行的一种比萨：在塔布面饼上放上鸡肉、洋葱、松子、漆树粉、藏红花一起烤制。

碎小麦粒生肉丸（kibbeh nayyeh）

加利利地区的特色菜肴，它是备受人们喜爱的碎小麦粒肉丸（kubbi bi-siniyee，使用肉类、香辛料、碎小麦粒和薄荷制成）的生食变种。

马库巴茄子烩肉饭（maqluba）

使用大米、羔羊肉或鸡肉，加入炒蔬菜（尤其是炒茄子）制作而成的一道菜，搭配酸奶和用黄瓜、欧芹、番茄、芝麻酱制成的沙拉一起食用。

辣椒炖鱼（zibdieh）

将鱼和番茄、大蒜、油、辣椒一起放入瓦罐中炖煮而成的一道菜肴。

奶酪羊肉（mansaf）

使用发酵酸奶烹制的羔羊肉，搭配用藏红花或姜黄烹制的黄色米饭和新鲜的山羊奶酪，一起放在塔布面饼上食用，还可用松子和杏仁点缀。

苏玛炖菜（sumaghiyyeh）

这是一道加沙地带的节日菜肴。将漆树粉加入水、芝麻酱和面粉调制，再加入甜菜、肉末、鹰嘴豆、大蒜、莳萝和辣椒一起炖制而成。这道菜通常被盛放在碗里，搭配面包一起食用。

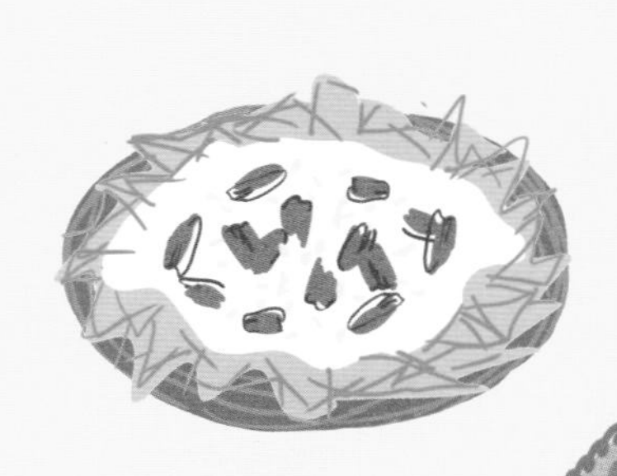

霍布兹大饼（khubz）

一种烤制的面饼，广泛流行于中东地区，可以用于掰成块蘸着汤汁食用。

法塔赫烩饼（fatteh）

这道菜的做法是：将米饭放入肉汤中，加肉桂调味后，与鸡肉或羊肉一起混匀烹熟，再加入经黄油煎过的面饼，可搭配青椒和柠檬酱一起食用。

美食趣多多

为庆祝新生儿出生，巴勒斯坦人会制作米粉布丁，这是一道使用大米粉、椰子片、松子、杏仁、开心果和香辛料制作的甜点。

巴基斯坦和印度

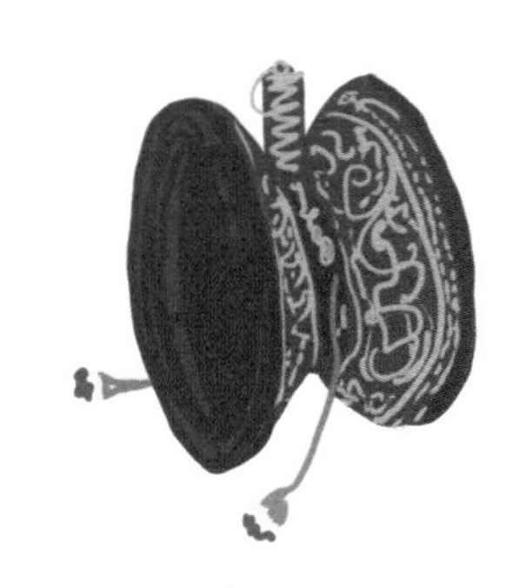

巴基斯坦和印度的饮食文化历史悠久，且与宗教信仰关系密切。这两个国家拥有为数众多的素食者。

印度历史上曾经来过葡萄牙人、英国人和波斯人，因此，这个国家拥有几十种官方语言和数量众多的方言，饮食的地区性差异很大，常见食材的用法也截然不同。在北方邦，比尔亚尼炖饭（biryani）和泥炉烤肉（tandoori）很常见；在西孟加拉邦，人们可以吃到很多鱼类菜肴；马哈拉施特拉邦的特色菜肴是辛辣咖喱肉（vindaloo）；而在泰米尔纳德邦，则盛行辛辣的菜肴，人们食用大量的椰奶、罗望子和小麦制品。

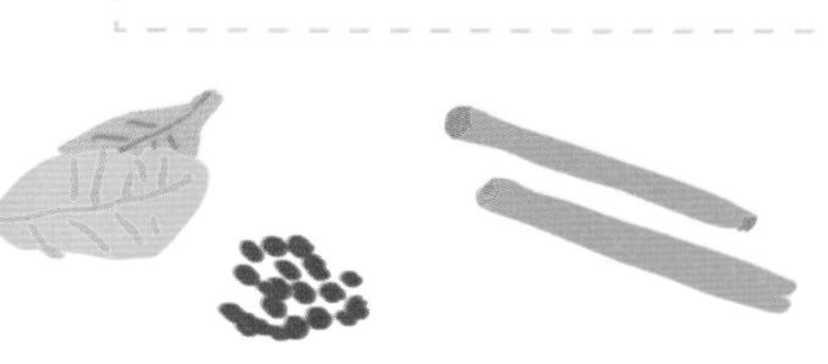

共同的特色菜肴有什么？

荤菜

尽管有很多素食主义者，这两个国家的菜肴还是有很多荤菜的。例如，迪卡烤鸡肉串（tikka，将鸡肉块经酸奶和香辛料腌制后，穿成串烤制而成）、科夫塔羊肉丸（kofta，使用羔羊肉炸制的丸子）。

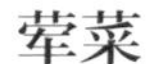

香辛料

在日常烹饪中，干粉状香辛料的用途广泛，能给食材着色，便于保存食材，并使食物更易于消化。这种马萨拉综合香辛料（garam masala）至少包括肉桂、香菜、孜然、豆蔻、丁香、黑胡椒、姜黄，与咖喱混合后制成。这种干粉状的香辛料可直接使用，也可用水或椰奶稀释后，以酱汁的方式使用，每个家庭都有自己的香料秘密配方。

素菜及炖饭

印式炒茄子（baingan bharta）类似于中东的茄泥酱，在炖煮茄子时，加入番茄、洋葱、生姜、大蒜、孜然、香菜、芥末油一起烹制而成。比尔亚尼炖饭是用印度香米加入鸡蛋、肉类、鱼类、蔬菜、香草、香辛料制成的，搭配邱特妮酸辣酱（chutney）、酸奶沙拉（raita）一起食用。

在印度和巴基斯坦，人们常将蔬菜和水果（也可以是未成熟的水果，如酸杧果）用香辛料腌制后发酵保存起来，并用于炖菜中，例如鹰嘴豆炖菜（chana masala），这是用较大的鹰嘴豆烹制的一道菜肴，通常搭配库尔查饼（kulcha）食用。

巴基斯坦

早餐吃什么？

巴基斯坦人的早餐至少包括一种面食，通常是一种加入糖、豆蔻、藏红花制成的巴基斯坦馕（sheermal）。另一种面食是库尔查饼，可以搭配咖喱鹰嘴豆食用。早餐时，人们还可以品尝沙米烤肉丸（shami kebab，以肉、鸡蛋、鹰嘴豆制成的一种肉丸）。在节日期间可以吃到油炸面包（puri），搭配鹰嘴豆炖菜和甜芝麻糊（halwa）一起食用。

巴基斯坦人还经常把香辣炖牛肉（siri-paya，用牛头肉和牛蹄做成的炖肉）作为早餐。在一些地区，早餐还有芥末泥酱（sarson da saag，添加芥末叶子做成的酱料），可以搭配玉米饼（maakai ki roti）食用。

午餐、晚餐吃什么？

午餐先上主菜、沙拉（作为开胃菜或配菜），最后是水果或甜点。鱼类菜肴少于肉类菜肴（包括鸡肉、山羊肉、羔羊肉，常以烤肉串或者泥炉烤肉块为主）。咖喱炖蔬菜（stufato）和红扁豆炖肉（dahl）属于日常菜肴。晚餐被巴基斯坦人视作最重要的一餐，菜肴与午餐相似，但通常包括更为精致的菜肴，如比尔亚尼炖饭或炖肉。印度香米在素食者或非素食者的菜谱中都是不可或缺的，无论是做成米饭搭配菜肴食用，还是做成普雷奥手抓饭（pulao）均可。

极富特色的地域美食

马铃薯烩羊肉（aloo gosht）

使用马铃薯、羊肉和咖喱烹制而成的一道菜肴。

卡拉赫铁锅炖肉（karahi）

这道菜肴是将鸡肉或牛肉用一种特制的铁锅炖制而成的。

巴基斯坦炖肉（haleem）

将谷物、豆类、香辛料和羊肉混合在一起炖煮而成的一道特色菜。

尼哈利炖肉（nihari）

这是一道巴基斯坦的特色菜，虽然它最早起源于印度。这道菜是用牛肉或羊腿炖制而成的，非常辛辣，可以在早餐时搭配米饭食用。

考菲冰激凌（kulfi）

一种用香辛料或水果调味的颇具特色的冰激凌，在印度也很常见。

炸肉丸（chapli kebab）

将腌制好的肉加入香辛料和蔬菜混合后，再炸制而成的一种肉丸。

巴尔蒂锅菜（balti）

这道菜来自巴基斯坦北部的巴尔蒂斯坦地区，使用肉类、香辛料、大蒜、生姜烹制而成。它在英国也是一道备受欢迎的菜肴，因为当年的英国人将这道菜带回了他们的家乡，并逐渐流传开来。

烤肉串（seekh kebab）

将肉切块后穿成肉串，在烤架上或在泥炉中烤熟。

印度

早餐吃什么？

印度人认为早餐是比较重要的一餐。早餐时，人们喝马萨拉茶（masala chai，以小豆蔻、丁香、肉桂调香）和印度咖啡（Indian kofi）。虽然不同地区的人们饮食习惯和喜好的食物各不相同，但他们吃早餐时却都偏好选择咸味食物，并且至少会有一种面食出现在餐桌上。

在印度北方地区，最常见的面食是罗迪烙饼（roti）和帕拉塔抛饼（paratha），而在南方地区，则是薄薄的多莎米粉薄饼（dosa，使用米粉、黑豆粉、胡芦巴种子制成的一种煎饼）和米豆蒸糕（idli，与多莎米粉薄饼成分相同，但使用特制的模具蒸熟）。

在西部地区的马哈拉施特拉邦，人们的早餐往往是一种加有豆芽的、具有浓烈味道的米萨尔咖喱菜（misal pav），搭配面包食用。也可选择用大米和蔬菜制作的松软咸粥。还可以品尝用烤小麦粉加香辛料制成的麦粉粥（upma）、油炸饼（luchi）和菜花炖马铃薯（aloo，用马铃薯、菜花、姜黄和其他香辛料制作而成）。

在位于印度西部的古吉拉特邦，人们会将玉米粥、鹰嘴豆发糕（dhokla，将大米粉和鹰嘴豆粉混合之后，再经过发酵蒸制而成）和炸糖卷（jalebi fafda，一种经过油炸的、薄薄的、卷曲的条状面食）作为早餐食用。

在喀拉拉邦，位于热带的马拉巴尔海岸，人们的早餐经常吃阿帕姆煎饼（appam，一种米粉煎饼）或椰子米糕（puttu，一种蒸熟的、用大米和椰子制作的面点），搭配黑鹰嘴豆咖喱食用。

午餐、晚餐吃什么？

晚餐是主餐，在进餐之前，人们会喝喝茶，聊聊天，吃点零食。

进餐时，可以使用右手直接从盘子中拿取食物，或者将食物放在罗迪烙饼上进食。

一份完整的菜单总会有一道主菜、一道配菜和一道主食。例如，可以吃一道印度扁豆咖喱（dhal）作为主菜，一道邱特妮酸辣酱或一道酸奶沙拉作为配菜，一份面食或比尔亚尼炖饭作为主食。在用餐结束时，可以嚼一块印度口香糖（pan masala，添加了混合香辛料），以帮助消化并保持清新口气。

极富特色的地域美食

恰巴提薄饼（chapati）

是一种在烤盘上烤熟的、无须发酵的面饼。

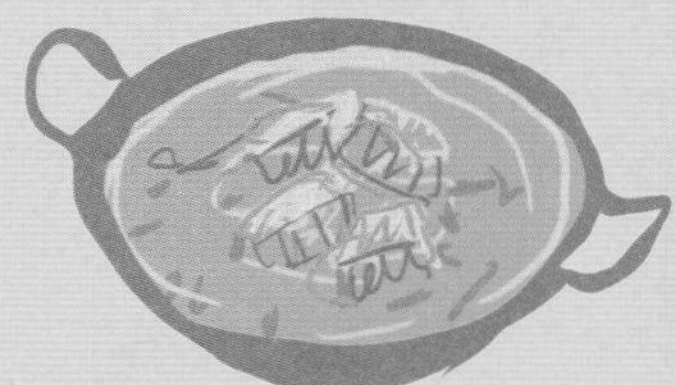

辛辣咖喱肉（vindaloo）

这道菜起源于葡萄牙，是用经葡萄酒和大蒜腌制的肉类制成的，是众多咖喱菜肴中的一种，具有辣味和酸味，酸味来自于加入的柠檬或醋。

科尔马酸奶咖喱焖鸡肉（korma）

将肉与酸奶、肉汤和香辛料一起焖制，最后就得到了一道香味浓郁的咖喱菜肴。

罗迪烙饼（roti）

即在泥炉中烤制的无须发酵的全麦面饼，搭配酥油食用。

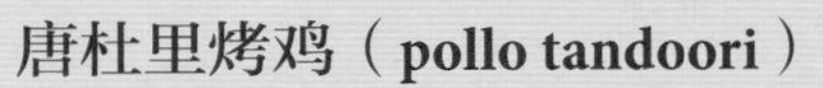

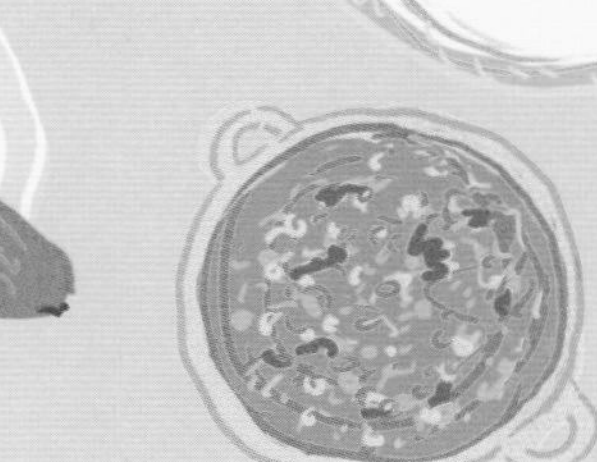

唐杜里烤鸡（pollo tandoori）

将鸡肉在酸奶和香辛料中腌制后，放入烤炉中烤制，烤好的鸡肉呈现出偏红的色泽。

印度扁豆咖喱（dhal）

用扁豆或其他数十种豆类制成的一道咖喱菜，可作为主菜食用。

印度泡菜（achaar 或 desi）

将水果或蔬菜用香辛料调味，放入盐水、醋或油中腌制而成。

帕拉塔抛饼（paratha）

一种非常薄的加有酥油的饼，在烤盘上烤制而成。

咖喱鸡肉汤（mulligatawny）

一种味道香辣、添加了蔬菜的鸡汤，是印度南方地区的特色菜，可以搭配米饭食用。

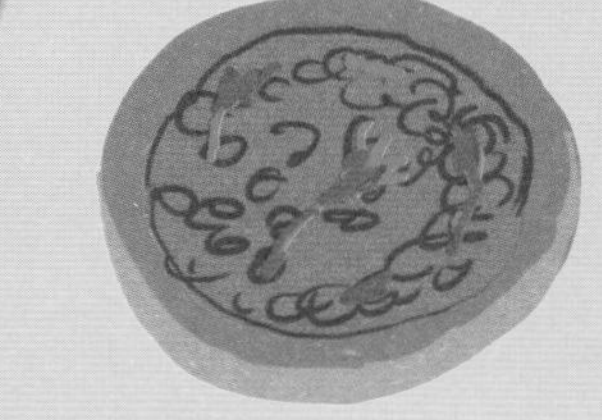

炖煮红芸豆（rajma）

用红芸豆炖煮而成的一道菜品，也可使用黑芸豆制作。

咖喱泡菜（pachadi）

使用酸奶、椰子、生姜、咖喱和芥末制成的一道配菜（也可以做成酱汁，甚至做成汤品）。

邱特妮酸辣酱（chutney）

使用水果、蔬菜、香辛料、糖和醋制成的一种酸辣酱，可以加入米饭、肉类中食用。

酸奶沙拉（raita）

将酸奶、蔬菜和香辛料混合制成的一道味道清爽的沙拉，可以中和许多菜肴的辛辣味道。

酸豆汤（sambar）

使用蔬菜、豆类和罗望子炖煮而成，搭配长粒米饭食用。

酸辣番茄汤（rasam）

使用番茄、辣椒和香辛料制成的一道汤。

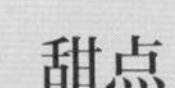

甜点

有代表性的甜点有：甜奶圆（rasgulla，以粗面粉和鲜奶酪制成），乳酪牛奶球（ras malai，用牛奶和奶油制成的一道甜点，可以用勺子吃），仙帝仕（sandesh，添加了水果调味的一种松软糕点）和米布丁（kheer，使用大米、木薯粉、牛奶、糖、豆蔻、藏红花、开心果、葡萄干、腰果或杏仁制成）。

美食趣多多

在印度，有些人是严格的素食者，他们甚至也不食用马铃薯或其他根茎类食物，以免影响到土地上植物的生长和其他生物的生活。

斯里兰卡和孟加拉国

这两个国家尽管距离较远，但其日常饮食都包括米饭、咖喱、豆子汤（dhal，用扁豆、豌豆、芸豆等干豆炖成的汤）和叁巴辣酱（sambal，一种搭配米饭食用的调味品）。印特妮酸辣酱也很受欢迎，常在就餐时搭配其他菜肴食用。

咖喱（curry）一词，不仅是指一种磨碎后混合的香辛料，还指用肉类、鱼类或蔬菜烹制的一种辛辣菜肴，因为里面加有酸奶（或椰奶）、豆泥（或番茄、洋葱）和浓汤，所以这道菜呈现为糊状。基础香辛料为姜黄、香菜和孜然，是否添加其他香辛料需要根据菜肴中的主要食材来确定。在斯里兰卡，人们所烹制的咖喱菜肴颜色较深，因为其中的香辛料是烤制后再添加的；而在孟加拉国，咖喱菜肴通常是用新鲜的鱼、芥末和罂粟子制作的。

斯里兰卡

斯里兰卡是一个很大的岛屿，该国饮食也受到了邻近的印度南部地区饮食的影响。斯里兰卡特别适宜种植香辛料，几个世纪以来，其与许多国家保持着贸易关系，在某些时期，它曾是其他国家的殖民地。

早餐吃什么？

在早餐时，人们可以品尝到米粉和椰奶制作的碗形煎饼（hoppers），它是将面糊在凹底锅中煎熟的，因此煎饼的底部保持松软，其凸起的边缘部分变得又薄又脆，煎饼好似一个小碗，可以放入佐料。一种配椰奶食用的蒸米粉（string hoppers，又称 idiyappam）也很常见。还有用水牛奶制作的酸奶，使用了当地出产的棕榈树糖浆增加甜味。除此之外，早餐还有一种略带咸味的椰奶米饭（kiribath）。

在琳琅满目的各类甜点中，最具特色的是椰奶饭团（pittu，用米粉、新鲜碎椰子和椰蓉制成的一种圆筒状饭团，蒸熟后搭配甜椰奶食用）和椰奶米糕（kevum，使用米粉和棕榈树糖浆制成的一种米糕）。

午餐、晚餐吃什么？

所有的菜肴总是同时上桌，人们用手拿取食物进食。在这个国家，大米是最主要的食物，所以有许多品种，其颜色也十分丰富，有白色、红色、棕色、深红色、浅红色……菜肴有小扁豆炖制的咖喱扁豆汤（dahl curry），搭配米饭或者乌伦杜瓦代油炸饼（ulundhu vadai）食用。

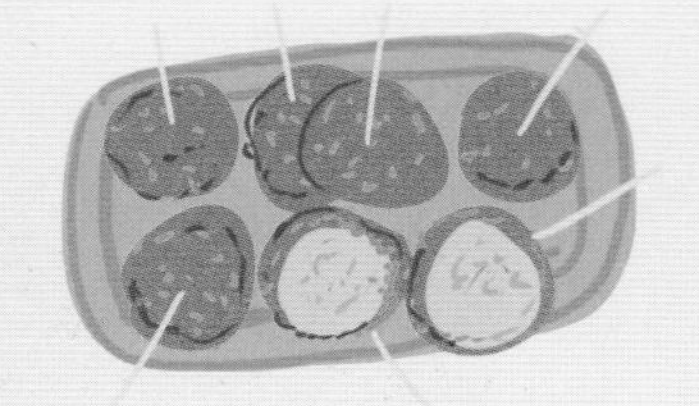

极富特色的地域美食

香椰肉丸（frikkadels）

使用肉末和椰子制成的炸肉丸，可以搭配酸奶食用。这道菜的名字具有明显的荷兰语特征，是从荷兰殖民时期流传下来的。

香蕉叶饭卷（lamprais）

这也是一道源自荷兰的菜肴，它是用肉、米饭、咖喱、肉桂或豆蔻等制成的。将烹制好的各类食材分别放入香蕉叶中卷好，然后再经过蒸制即可。

糖醋茄子（wambatu moju）

将茄子炸制后用芥末、辣椒、红洋葱、糖、醋一起烹至焦糖化而成，可以搭配米饭和咖喱食用。

马鲁姆沙拉（mallum）

将积雪草（一种水生植物，味道类似于卷心菜）切碎后与碎椰子、红洋葱、香辛料混合制成的一道沙拉。

孟加拉国

孟加拉国的饮食习俗主要受到宗教影响，同时也受到英国殖民时期遗留的饮食习惯和邻国印度饮食的影响。

早餐吃什么？

皮塔（pitha）是一种大米粉或面粉制成的面饼，可以抹上甜酱料食用，也可以填入烹制好的蔬菜做成饺子那样带馅的面食。皮塔经过油炸、蒸制或烘烤后食用，可以作为早餐或甜点，也可以在节日期间食用。

午餐、晚餐吃什么？

用大米、肉类、调味品和蔬菜制成的各种米饭是人们的日常食物。比尔亚尼炖饭是孟加拉国的特色菜肴，在印度也很常见。普雷奥手抓饭是一种加入浓汤和香辛料的手抓饭。吉邱里咖喱肉饭（khichuri）使用大米和扁豆烹制，搭配咖喱肉、咖喱鱼或煎蛋食用。孟加拉人经常吃鱼，包括淡水鱼及海水鱼。鱼子经过腌制或晒干可以用来烹制鱼子料理（bottarga）。通常，鱼头应给客人食用，以示尊重。

极富特色的地域美食

迪卡烤鸡肉串（tikka）

将鸡肉用发酵乳和香辛料腌制后烤制的鸡肉串。鸡肉的处理方法类似于印度的科尔马酸奶咖喱焖鸡肉。

富卡夹馅面包（fuchka）

炸制而成的面包，膨起后形成空心，塞入马铃薯、鹰嘴豆、罗望子酸辣酱和其他香辛料做成的馅料。

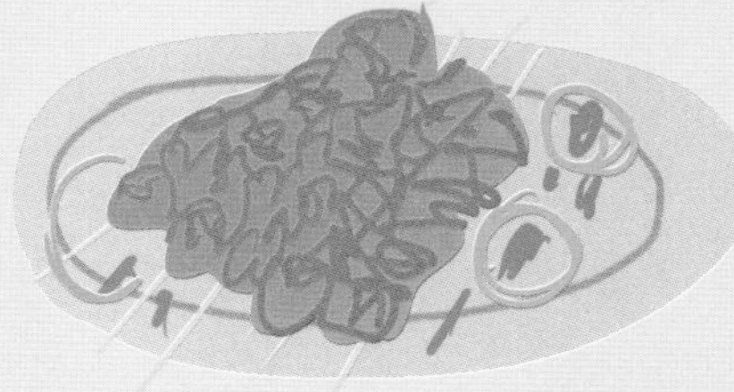

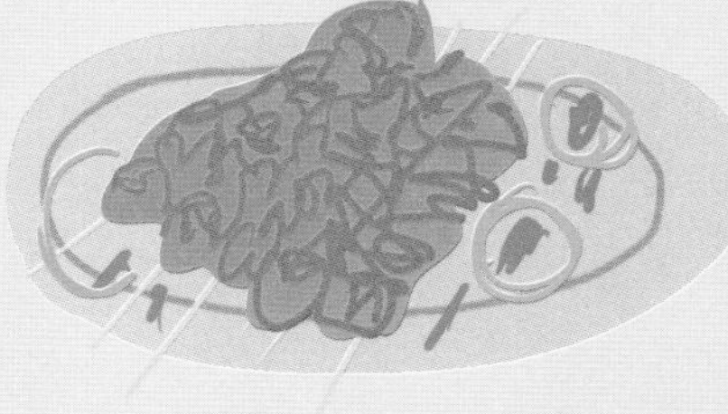

香辣鲥鱼（ilish）

将鲥鱼用芥末酱、辣椒、孜然和姜黄腌制后烹制而成的一道菜。

马铃薯炖鱼（machher jhol）

使用姜黄、姜、大蒜、马铃薯炖制的鱼，搭配米饭食用。

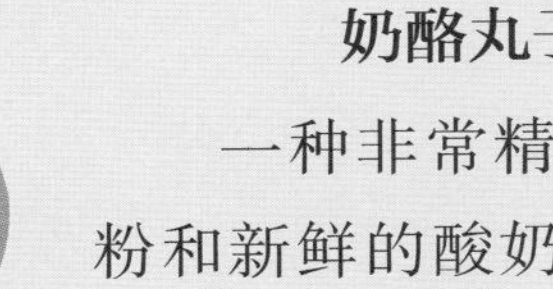

奶酪丸子（rôshogolla）

一种非常精致的甜点，是使用粗面粉和新鲜的酸奶酪为原料，并在糖浆中煮制而成。

印度尼西亚

这个国家拥有珍贵的自然资源，与其他许多国家开展贸易往来，并在其文化中留下了这些国家的印记。印度尼西亚由数千个岛屿组成，所以有许多地方习俗，不过，在饮食方面还是有一些共同点的，并受到印度菜和中国菜的影响。

和其他东南亚国家的人一样，印度尼西亚人每天都食用米饭。吃米饭时搭配叁巴辣酱（即以辣椒和其他浓烈的香辛料为原料，在研钵中研磨并混合制成的调味酱料）。仅在印度尼西亚，就至少有300种不同配方的叁巴辣酱！

早餐、小吃有什么？

早餐的菜肴，与其他两餐的菜肴相同，总是以米饭为主角，无论是在哪个地区或岛屿。在新的一天开始时，最受人们喜爱的早餐组合是鸡肉粥（bubur ayam，使用大米、鸡肉、大豆和虾片制作的一种粥）和姜黄饭（nasi kuning，使用姜黄染色的大米与金枪鱼或其他鱼类、蛋类、肉类烹制而成的一类饭菜）。早餐有很多印尼甜米糕（jajan pasar，使用椰子或米粉制作的小吃，经过油炸或者蒸制而成），五颜六色，形状多样且富有想象力，是一种美味的小吃。

午餐、晚餐吃什么？

午餐作为主餐，在上午晚些时候吃，通常情况下，没有吃完的食物会留在桌子上直到晚餐时分，然后被拿去加热一下，再放回餐桌上。菜肴搭配叁巴辣酱和一些小吃，例如，木薯条、鱼皮、炸虾、鸡皮、水牛筋。大米除了可以制成米饭搭配菜肴之外，还是印尼炒饭（米饭蒸熟后放入平底锅中，加入鸡肉、蔬菜、虾、虾酱、酱油、青葱和大蒜一起炒熟）和杂菜饭（nasi campur，一种蒸米饭，加入蔬菜、花生、肉类、鸡蛋制成）的基础食材。在印度尼西亚全境，印尼虾片（krupuk，使用木薯粉或米粉混合虾肉制作的油炸小吃）都极受欢迎。另一道备受欢迎的菜是加多加多生菜沙拉（gado gado，将菜花、豆芽、青豆、青葱混合在一起，使用柠檬汁和芝麻油调味后制成）。在印度尼西亚，素食很常见，豆腐和丹贝（tempeh，一种大豆发酵食品）经常被用作肉类的替代品，这两种食品是将大豆通过不同的加工方式获得的。

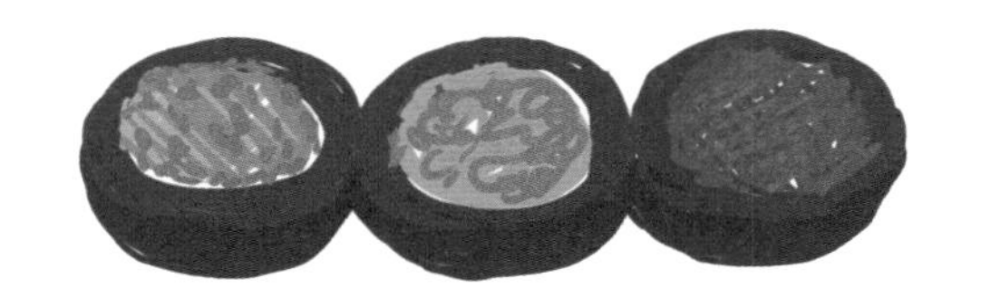

极富特色的地域美食

索托靓汤（soto）

是一类汤的统称，是街头小吃店中最畅销的菜肴之一。最受欢迎的索托靓汤是索托鸡汤（soto ayam）。

长条马来粽（lontong）

这是一种用香蕉叶包裹的呈圆筒状的饭团。

仁当肉（rendang）

这是一种加入了非常辛辣的香辛料的炖肉，具有浓郁的香气。制作这道菜肴时，需要将肉在火上炖制数小时，直到汁液全部收干为止。这样炖好的菜肴不容易变质，如果烹制得当，可以保存数周。

马来粽（ketupat）

外观看上去是用棕榈叶编制成的许多小方盒，打开后里面是米饭饭团。这种粽子可以搭配沙嗲烤肉（satay）或仁当肉等配菜食用。

什锦炒面（mie goreng）

一种中式风味的面条，加入虾仁、肉、大白菜、番茄炒制而成，在街头小摊和高级餐厅中均有售卖。

锥盘套餐（tumpeng）

这是摆放在餐桌上的一组套餐的名称。在竹编容器里铺上香蕉叶，容器的中心位置是加入椰奶和姜黄蒸熟的米饭，呈圆锥形，分布在周围的是蔬菜椰丝沙拉（urap）、炖肉（semur）、丹贝、炒豆、五香炸马铃薯、烤鸡。

咖喱椰浆蔬菜汤（sayur lodeh）

是一种具有浓郁椰子风味的蔬菜汤，用茄子、辣椒和其他调味料烹制而成。

咖喱椰奶炖肉（gulai）

是一种加入椰奶制作的肉类菜肴。椰奶是印度尼西亚和整个东南亚菜肴中常用的调味品之一。

荷式印尼料理（rijsttafel）

这道菜的名字源于荷兰语，其原意为“饭桌”。在印尼，它是指一种非常丰富的自助餐，包括肉类、鱼类、蔬菜、各种米饭和叁巴辣酱。考虑到这道菜肴的名字带有荷兰殖民时期的印记，所以印度尼西亚人很少烹制，不过，这一菜式在荷兰和南非却流传甚广。

薯类（美国马铃薯、木薯）和芋头被广泛用于菜肴烹饪中，这些作物的叶子也可像菠菜一样煮熟后食用。

常备食材有哪些？

水果在印度尼西亚菜肴中起着重要的作用：这里拥有如此美味和丰富的水果，以至于水果本身就能组成一道完美的菜肴。杧果、阳桃、牛油果、罗望子、番石榴、荔枝、百香果和其他几十个品种的水果，可以用于糖醋菜肴、甜点中，也可以干燥后切片再经油炸后食用。另外，在食品柜中，还有大米、辣椒、椰子、花生酱、罗望子、香茅（lemongrass）、棕榈糖以及制作咖喱要用到的各种调料。

美食趣多多

和东南亚其他国家一样，印度尼西亚人也吃各类昆虫：蟋蟀、白蚁和各种幼虫。经过油炸之后，它们会变成香脆的零食或是煎饼的佐料。

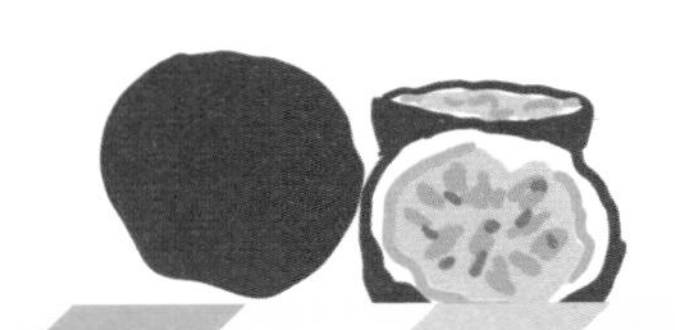

泰国

泰国位于东南亚地区，是世界上最大的稻米出口国之一。这里的美食可以分为四个区域：北部、东北部、中南部和首都曼谷及周边地区。当然，泰国的饮食也受到了邻近国家的影响，特别是中国。无论是食材（比如米粉），还是食谱和烹饪方法（比如煎炸），都与中国美食有相似之处。泰国的传统饮食具有奇特、新鲜、口味辛辣、营养均衡的特点。

早餐、小吃有什么？

虽然人们可以选择任何食物作为新的一天的开始，不过，对于泰国人而言，最传统的选择之一是泰国米粥（jok，一种加有猪肉丸子、鸡蛋、生姜、洋葱、酱油、辣椒和炸米粉的米粥）。油条（pathongko）可以搭配粥，也可以搭配撒有黑芝麻和罗勒叶的豆浆（nam tao hoo）。早餐还有溏心蛋（kai luak）、茶或咖啡、煎蛋卷（khao kai jeow，搭配用鱼和辣椒制成的酱汁食用）、猪肉串（khao neow moo ping）、泰式烤鸡（kai yang，搭配用鱼露和糯米制作的酱汁食用）。餐桌上还有各种小吃，例如油炸香蕉片，以及靠栋（khao tom，它既可以指一种作为早餐的猪肉汤泡饭，也可以指一种裹在香蕉叶中蒸制而成的糯米糕）。

午餐、晚餐吃什么？

无论多么简单的菜肴，也要保持甜、咸、苦、酸这四种口味的平衡。人们平常使用餐盘盛放菜肴，用叉子和勺子进餐，之所以不用餐刀，是因为所有的食材都已经被切割好了。如果是套餐，一般包括米饭，酱汁，汤，炖菜或咖喱菜，炸制的肉、蔬菜或鱼。午餐或晚餐的基本食谱通常有：米饭或米粉，汤，咖喱菜，沙拉，炒、炸、蒸、煮或烧烤的食物，酱汁和蘸酱，小吃及甜点。备受欢迎的汤是叉烧肉米粉汤（kuay teow moo daeng，以叉烧肉搭配洋葱、豆芽、鱼露和米粉制作而成）和泰式椰汁鸡汤（tom kha kai，使用鸡肉、椰汁、青柠檬汁、砂糖和香辛料制成）。在各类肉菜中，有泰式打抛肉（pad kra pao，使用罗勒叶和辣椒调味后炒制而成的猪肉条或鸡肉条），牛肉酱油炒河粉（pad see ew，使用较宽的米粉，加入肉片、西蓝花、鸡蛋、酱油后炒制而成）和肉末南瓜炒鸡蛋（pad fuktong cai kai，使用肉末、南瓜和鸡蛋炒制而成），均可搭配白米饭食用。

极富特色的地域美食

泰式经典菜肴

泰式炒河粉（pad thai）：一种在平底锅中炒制的宽米粉，可以根据食谱的不同，加入豆腐、虾仁、鸡蛋、鱼露、酸橙、花生、罗望子和辣椒，烹制成不同的口味。

冬阴功汤（tom yum）：使用虾和鱼露制作而成的一道香辣汤，加入柠檬草后，赋予了这道汤一种独特的酸味。

泰式青木瓜沙拉（som tam）：使用青木瓜、酸橙、辣椒和鱼露制成的一种沙拉。

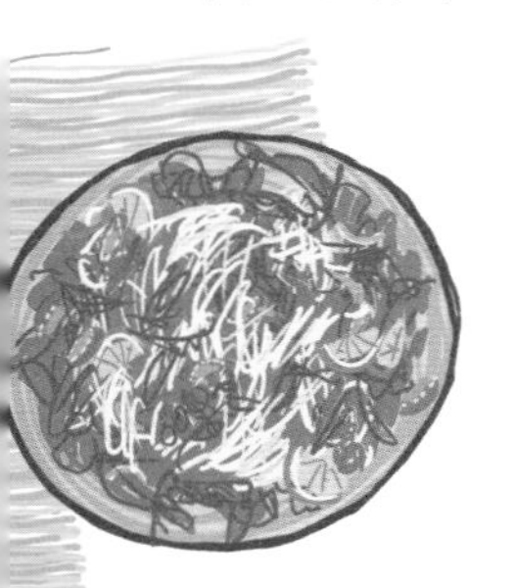

主食

泰式炒饭（khao phat）是将泰国茉莉香米做成的米饭放在平底锅中，加入鸡肉、虾、鸡蛋、洋葱、大蒜、辣椒、酱油和发酵鱼露，一起炒制而成。还可以将其他食材添加到炒饭中，并在名称中体现出来，例如猪肉炒饭（khao phat mu）、椰子炒饭（khao phat maphrao）、菠萝炒饭（khao phat sapparot）。另外还有泰北咖喱面（khao soi），是一种加入鸡蛋制成的宽面，用椰浆红咖喱调味后烹制而成。

沙拉

泰国有很多种沙拉，按照食材不同可以大致分为三类：海鲜沙拉、米粉沙拉、肉类沙拉。根据做法不同可以分为：捶捣沙拉（tam），将食材捣碎后加入大蒜、酸橙、棕榈糖、辣椒、虾米和鱼露调味；凉拌沙拉（yam），将蔬菜、水果、香草、米粉等食材凉拌后制成；碎丁沙拉（lap），使用肉末、酸橙、鱼露、辣椒和糖制作而成；温热沙拉（pla），一般使用猪肉、牛肉或虾，加入柠檬草和薄荷烹制而成。

常备食材有哪些？

复合香辛料有多种颜色，对应不同程度的辣味和风味：绿咖喱（kaeng khiao wan）以新鲜的青辣椒和椰奶混合制成，通常搭配鸡肉或豆腐；红咖喱（kaeng phet）以干红辣椒和椰奶混合制成，通常搭配肉类；而黄咖喱（kaeng kary）则是使用姜黄和椰奶制成的。

各式各样的水果！

泰国人从早餐就开始吃水果，水果还被做成甜点和菜肴。在泰国，有许多种奇形怪状的水果，有的水果的味道在品尝后也许会令人感到惊讶。榴梿（durian）具有柔软、甘甜、令人无法抗拒的美味果肉，因为其外表多刺并会散发出刺激性气味，带着它甚至不允许乘坐公共交通工具。另外，还有火龙果、番石榴、山竹、柚子、红毛丹、杧果……

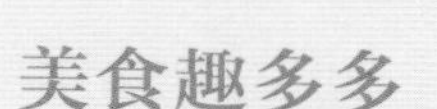

美食趣多多

据说，在泰国，以装饰为目的对蔬果进行雕刻的艺术已经拥有超过700年的历史了。花、鸟和昆虫都是蔬果雕刻艺术的经典主题，但也不乏其他主题，因为人们的想象力是无限的。

越南

越南的菜肴非常精致，其饮食文化受到邻国中国的影响。越南人用独特的方式将那些来自中国的美食进行了重新诠释。由于越南境内南北气候差异较大，饮食也存在着巨大的地域性差别。

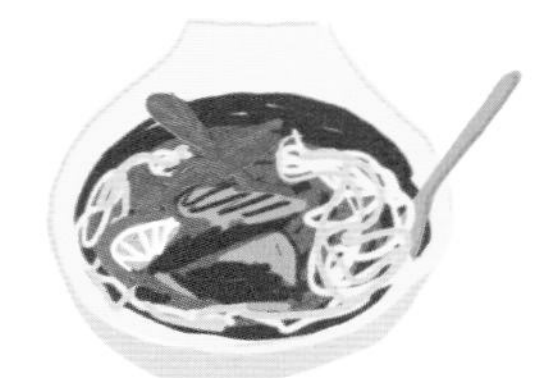

早餐吃什么？

与西式早餐相比，越南早餐的特点之一是缺少奶制品，如奶油、酸奶、奶酪等。人们往往以一道具有浓烈味道的早餐开启崭新的一天。河粉（pho）和檬粉（bun）都是越南早餐的主角。河粉是一道非常有名的越南菜，将河粉放在猪肉、牛肉或鸡肉熬成的汤中煮制，再加入香草，并使用酸橙和辣椒调味。当地非常流行的檬粉是烤猪肉檬粉（bun cha，搭配猪肉饼和新鲜蔬菜食用），还有煎鱼檬粉（bun ca）、蜗牛檬粉（bun oc）和牛肉檬粉（bun bo）。在街边小吃店，人们会吃一种糯米饭（xoi，使用糯米与花生、绿豆、玉米、鹌鹑蛋或鸡肉制作的一种米饭），而这也是孩子们的典型早餐，他们往往会在去学校的路上吃。早餐的饮品有鸡蛋咖啡（cà phê trúng），是一种加入打好的蛋黄、糖以及炼乳的咖啡。

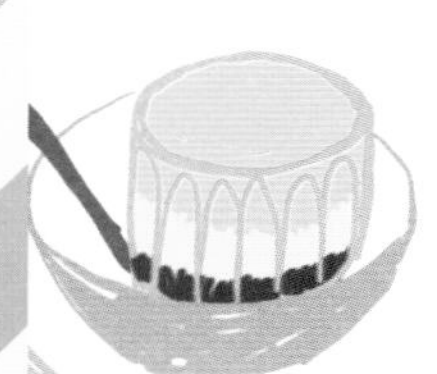

午餐、晚餐吃什么？

在家中用餐时，越南人常常会食用蒸熟的长粒白米饭，鱼、肉或豆腐，油炸食品，生的、清蒸或腌制的蔬菜，清汤（cahn），鱼露（nuoc mam）及各种调味料。在餐桌上还会有一些甜品，如用芸豆、新鲜水果制作的水果羹（chè）。所有菜肴都被放在桌子的中间，每位用餐者都有自己的饭碗，里面盛着米饭。青木瓜沙拉（goi du du）是一道清爽的开胃菜或收尾菜，是使用青木瓜或青杧果搭配虾、牛肉和胡萝卜拌匀制成的，根据需要可以淋上辣酱。另一道沙拉名为香蕉花沙拉（nộm hoa chuối），通常是以木瓜或杧果为原料，加入香蕉花、薄荷、酸橙混合后制成的。糯米糕（bánh tét）是一种里面塞有绿豆和猪肉的圆柱形糯米面团，外面用香蕉叶包裹，煮熟后可以切片食用。

烤猪排碎米饭（com tam）

使用碎米制成的米饭，可以作为主食，搭配烤猪排、生蔬菜、煎鸡蛋、发酵鱼露和一碗浓汤一起食用。

广南米粉（mì quảng）

在姜黄汤煮好的米粉中加入新鲜香草、猪肉（或者是牛肉、鸡肉、虾），最后加入碎花生。

越南鲜虾春卷（goi cuon）

即在米粉皮（使用谷物面糊制成的非常薄的粉皮）上放上虾、蔬菜等食材，卷起来之后无须进一步烹饪，就可以直接食用。

牛肉河粉（bún bò huế）

将河粉放入牛肉汤中煮熟，加入柠檬草、发酵鱼露调味而成。

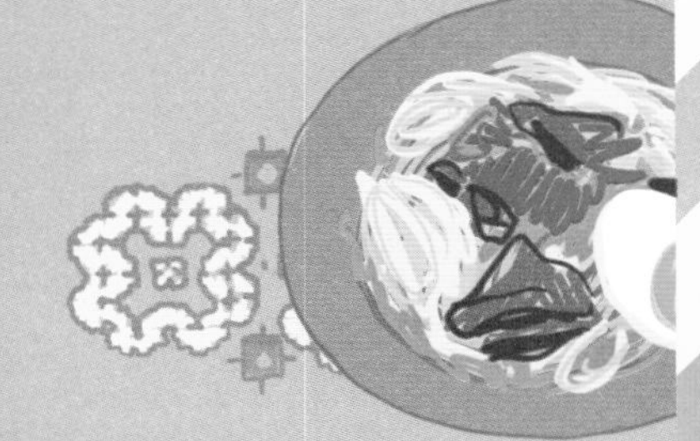

越南脆皮春卷（nem rán）

将猪肉馅裹在薄薄的米粉皮中，用油煎熟后食用。

椰汁炖肉（kho）

将肉、鱼或豆腐使用慢火炖制而成，并加入鱼露和椰子汁调味。

古法煎鱼（chả cá lã vọng）

一道典型的越南北方菜肴，随处可见。使用姜黄、柠檬、生姜和鱼露将鱼腌制好后蘸米粉，再用油煎熟，撒上新鲜的香草和酸橙。

越南三明治面包（bánh mì）

越南曾经是法国的殖民地，因此，越南三明治面包从外形上看明显来源于法棍面包。

越南粉卷（bánh cuốn）

包有虾、猪肉、大豆和香草的米粉卷，放入蒸锅内蒸熟后食用。

粉丝汤（mien）

用海藻和木薯粉制作的粉丝，加入鳗鱼、螃蟹、鸡肉或鹅肉一起烹制成的酸辣汤。

美食趣多多

越南的饮食总是离不开“五”这个数字。每顿饭都要有五种口味（酸、苦、甜、咸、辣），对应着五种自然要素（气、水、土、火、风），五种身体脏器（胆囊、胃、大肠、小肠、肾），五种颜色（绿色、红色、黄色、白色、黑色），五种感官（视觉、触觉、听觉、嗅觉、味觉），以此达到饮食平衡的目的。

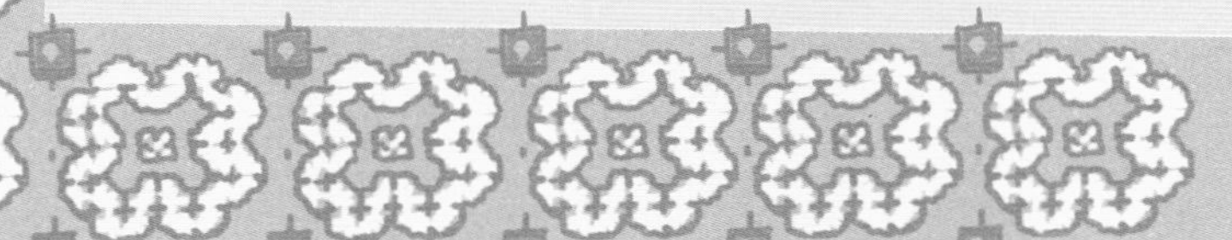

菲律宾

菲律宾的饮食体系中，吸收了曾与之有密切往来的国家的饮食文化，这些国家包括中国、西班牙和美国。在菲律宾，食材会得到充分利用而不会被浪费掉，例如，动物身上的所有部位都可以被用来烹饪成不同的菜肴。

早餐、小吃有什么？

菲式早餐（silog）是由多种单独的菜肴构成的组合餐，其中，鸡蛋和米饭是不可或缺的。例如，腌牛肉早餐（tapsilog）包括腌牛肉、鸡蛋和米饭；香肠早餐（longsilog）包括香肠、鸡蛋和米饭；叉烧肉早餐（tocilog）包括叉烧肉、鸡蛋和米饭；炸鱼早餐（bangsilog）包括炸鱼、鸡蛋和米饭。用糯米和可可粉制作的巧克力粥（champorado）很常见。菲律宾面包（pandesal）可以搭配咖啡，还可以搭配花生酱、果酱或新鲜水牛奶酪一起食用。

在下午，来点小吃已经成为菲律宾人的一种习惯。人们可以喝咖啡，搭配撒有糖和奶酪的螺纹面包（ensaïmada），或者用糯米做成的菲律宾传统糕点库欣塔（kutsinta）。常见的小吃还有肉馅卷饼和加了椰奶和奶酪制成的蒸米糕（puto）。猪血炖猪肉和内脏（dinuguan at puto）中加入了大蒜、洋葱和牛至调味，吃的时候还可以搭配中国饺子。菲律宾下酒菜（pulutan）容易让人联想起西班牙的小吃（tapa），品种有很多，尤其是用动物的不同部位或内脏炒制的菜肴，如猪耳朵炒豆腐（tokwa't baboy）。

午餐、晚餐吃什么？

尽管近年来，菲律宾人养成了用手拿取食物进餐的习惯，但在早些时候，人们使用叉子和勺子进餐，并使用餐具的边缘来切割食物。在午餐和晚餐时，菲律宾人会吃很多米饭，搭配阿斗波炖肉（adobo），这是一种将鱼、肉或蔬菜使用醋、大蒜、月桂叶、酱油、黑胡椒腌制后烹制成的炖煮菜。菲式烤鸡（chicken inasal）也是菲律宾的特色菜，这是一道烤鸡料理，将鸡肉用酸橙、胡椒和醋腌制后烤熟，再用酱油、辣椒、卡曼橘（kalamansi，是金橘和中国柑橘的杂交品种）调味，搭配米饭一起食用。

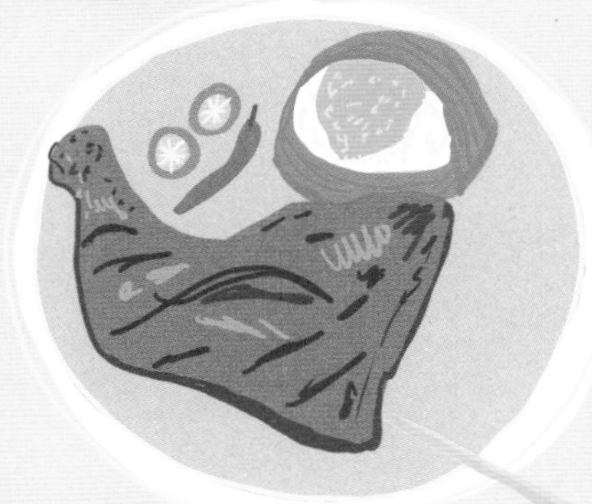

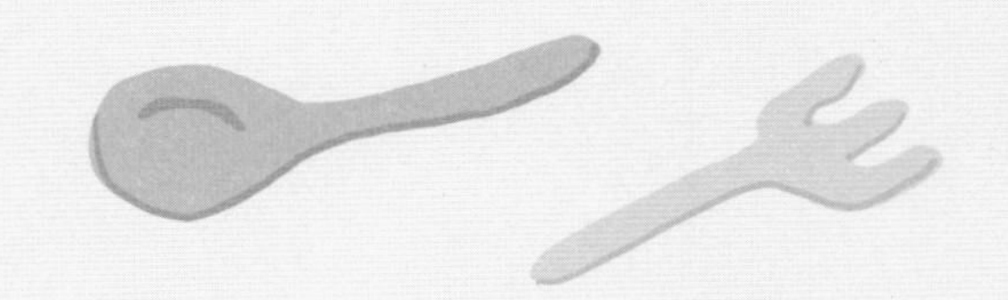

极富特色的地域美食

烤串（isaw）

这是一种非常常见的街头小吃，是将猪内脏或鸡内脏腌过之后穿成串烤制而成，然后蘸着用醋、洋葱和香辛料做成的酱汁食用。

菲式炒面（pancit）

加入蔬菜炒制的一种面条，还可加入猪肉、鱼或虾肉，并用酱油调味。这道菜无论是在街头小摊上，还是在饭店餐厅里都可以吃到。

牛尾汤（kare-kare）

使用牛尾和猪肚炖成的一道汤，加入花生酱和洋葱调味，味道浓郁，适合搭配米饭食用。

烧卖（siomai）

烧卖是和中国饺子类似的面食，里面有肉、虾或蔬菜做成的馅料，吃的时候蘸酱油和卡曼橘汁调味。这种食品在路边的摊位上也有售卖，用油煎制而成，可作为小吃。同烧卖一样，同样具有中国风味的食品还有叉烧包（Siopao），这是一种包有肉馅的面食。

蔬菜虾饼（okoy 或 ukoy）

使用鸡蛋、小虾、香料、马铃薯、豆芽或其他蔬菜制作而成的一种煎饼。

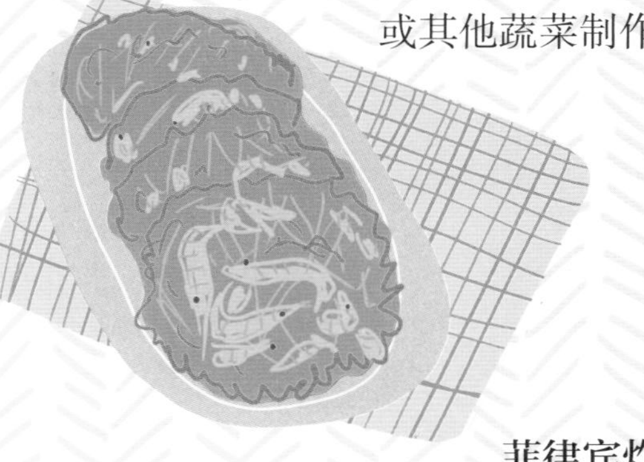

菲律宾炸蛋（tokneneng）

将煮熟后去皮的鸡蛋蘸上面糊，然后用油炸制而成。如果用的是鹌鹑蛋，则称为炸鹌鹑蛋（kwek kwek）。

菲式酸汤（sinigang）

使用海鲜（如鱼、虾）或肉类（如猪肉、牛肉），加入蔬菜一起炖煮，用罗望子调味的酸汤。

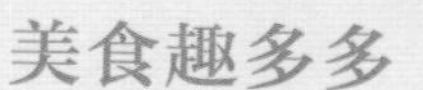

哈啰刨冰（halo-halo）

这是一种刨冰甜品，里面有冰激凌球、碎冰、牛奶、蜜豆、棕榈果蜜饯、椰果、香蕉、杧果等。

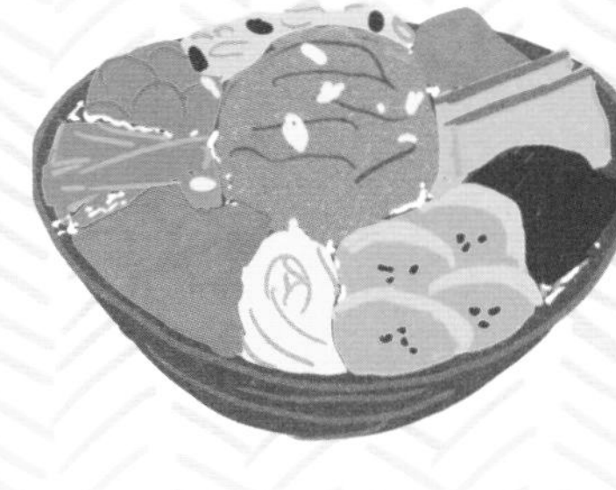

美食趣多多

和东南亚的其他国家一样，路边摊位上不难找到昆虫做成的小吃，尤其是油炸昆虫或是串烧昆虫。

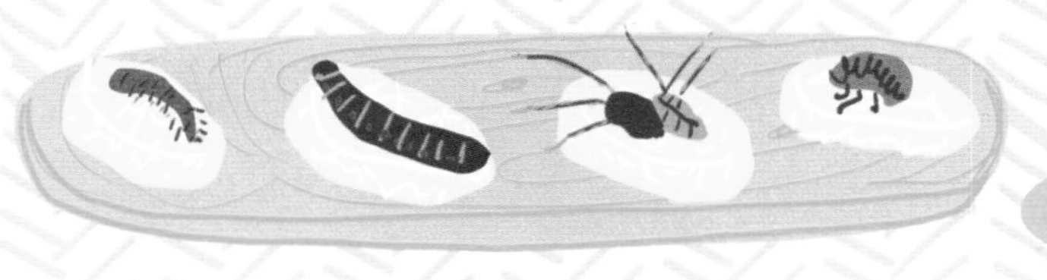

中国

中国幅员辽阔，地理位置优越，境内的气候和地理特征大不相同，中国的菜肴蕴含着悠久的历史和文化，其饮食体系庞大，菜品精致，并有许多地域性的差异，分为各大“菜系”（基于各地风俗、可用食材和烹饪方法形成的饮食体系），每个菜系都拥有自己的独特之处。从另一方面来说，中国的各种美食与其境内许多民族的传统紧密相连。同样紧密的联系还体现在饮食文化上，即来自古代宫廷的宴席菜肴与各地的民间美食相互交融在一起。

想要尽可能全面地了解中国美食，就需要根据地理区域和各大菜系来加以阐述。

北部地区的特色美食

如山东省、河南省、北京市

中国北部地区的人们肉类食用量较大，特别是羊肉和猪肉，而大米的食用量则比较有限，通常被面粉制成的面食所替代，例如面条、饺子、煎饼、大饼、馒头。菜肴的烹调时间通常比较长，比如炖鱼汤、豆腐菜肴、烤制的肉类。在沿海的地方，可以吃到海产品做成的菜肴，如红烧大虾。人们还会制作腌菜、干蘑菇、熏肉等容易贮存的食物以应对恶劣的气候。闻名世界的中国菜肴——北京烤鸭，就出自于这个地区，这是一道涂有蜜汁、经过烤制的鸭子，是典型的用于正式宴请的菜肴。

东部地区的特色美食

如福建省、江西省、浙江省、上海市

中国东部地区肥沃的土地上出产的蔬菜和水果，与该地区沿海地带出产的丰富的鱼类和海鲜相互搭配，烹制成各式菜肴。在保持食材口味和质感的基础上，以很短的时间烹制成熟，比如在一个中式炒锅（一种顶部开口大，圆底的炒锅）中放入所有的食材炒制，或加入豉油焖制，或短时间煮制，或将食材放置于多层竹蒸笼中蒸制。这些美味的菜肴因为加入香料及使用大量的油而香气四溢。金华火腿是这一地区著名的特产之一。

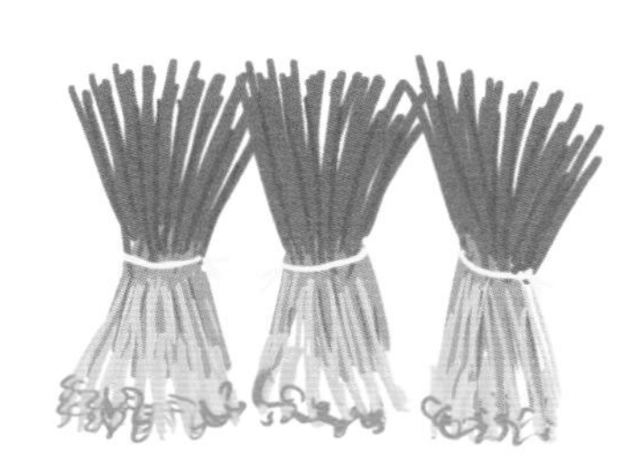

中部地区的特色美食

如湖南省

这是一个多山的地区，出产优质的大米。这里的肉类菜肴丰富，酱料的口味偏辛辣。总体而言，菜肴的烹饪时间较长。另外，人们还贮存坚果、鱼干、腌菜、熏肉，这样即使在寒冷的冬季也可以吃到它们。

西部地区的特色美食

如四川省

这里夏季炎热、冬季温暖，农业产区以出产香辛料而闻名，尤其是花椒和辣椒。菜肴的烹饪时间较长，菜肴具有浓烈香气，并且具备辣（十分辛辣！）、酸、甜、咸的口味。在烹饪时，蘑菇、酱油、大蒜和生姜的使用很普遍。

南部地区的特色美食

如广东省

广东省的美食（粤菜）是非常有名的，不仅因为它是极具创意性的美食，还因为大部分生活在欧洲、美洲和大洋洲的中国人都来自广东，这也是为什么外国人经常认为所有的中国菜都和粤菜一样的原因所在吧。这里的亚热带气候有利于水稻的种植，稻米是当地人膳食的基础。用于烹饪的食材均被切成很小的尺寸，在锅里焯熟或蒸熟。这里的人们不会像四川人那样使用很多的香辛料，他们喜欢酸甜的口味和美味的酱汁。

饮食理论

中国人的饮食理论基础是阴阳学说。具有清爽、湿润、柔软特性的食物（如啤酒、螃蟹、鸭子、部分豆类、部分水果）属于寒性食物（阴）；而具有温暖特性的食物（如牛肉、咖啡、熏鱼、油炸食品、辛辣食品）则属于热性食物（阳）。但是，也有一些食物属于中性食物（如大米、胡萝卜、桃子、鸽子）。人也可以被划分为阴（具有冷静和内向的性格）或阳（具有积极和外向的性格）两类。食物所能达到的具体效用，取决于该食物与食用者的特性是否匹配。饮食的目的，就是使得这两种特性达到适当的平衡，这种平衡，不仅需要通过食材的颜色、质地、香气、基本口味（咸、酸、苦、甜、鲜味）互相搭配来呈现，而且还包括选用合适的季节性食材及可能存在药理作用的食材。

早餐吃什么？

根据地理区域、饮食习惯和可用食材的不同，各地早餐也有所不同。早餐通常都是熟食，人们喜欢食用热菜和腌制的菜肴，这方面各地没有太大的差别。

餐桌上一般不会出现牛奶及奶制品，因为大部分的人具有乳糖不耐受症。取而代之的是豆浆（搭配细长的油条食用）或者软软的豆花（一种大豆制品，在北方通常加入肉类做成咸口味；在南方通常加入生姜和糖浆做成甜口味）。在北方，人们还经常食用面条（使用面粉制成），而在南方，人们则喜欢食用米粉（使用大米粉制成）。

粽子随处可见，这是一种用糯米制作的团状食物，里面有肉、鱼、蔬菜等馅料，或者红豆沙、蛋黄、莲蓉等馅料，它被包裹在竹叶中，蒸熟后食用。

下面的几种面食均与带馅的包子（以面粉制成，馅料各有不同）烹制方式类似：中间无馅料的被称为馒头，里面有糖浆的被称为糖包。还有一种面食是用玉米面做的，被称为窝窝头。

午餐、晚餐吃什么？

人们都坐在一张桌子上吃饭，所有的菜肴都放在一起。人们都使用筷子进餐，而食物都被切成片状或块状。中国家庭典型的一餐包括一道汤、一碗面条或米饭、一道蔬菜、两道肉或鱼。在餐前或者餐后，人们可以喝绿茶。不过，在用餐期间，唯一的饮品就是盛在碗里的汤。出于勤俭节约的思想和现实环境的原因，比如燃料的稀缺，人们将食物切分为小块，以便缩短烹饪时间。在中国，刀工（精细切割食材）被视为一门艺术，菜肴的制备需要根据烹饪程序严格执行。中国菜肴烹饪的复杂性在于将单独烹饪好的食材组合在一起。

茶

在这个国家，茶占据了至关重要的地位。中国是世界上第一个开展茶叶种植和饮用茶的国家，饮茶的习惯至今仍然非常普遍。许多人都有自己的茶具，即一把可以装入热水的、带过滤网的小壶，他们总是随身携带茶叶和茶具。除了最常饮用的绿茶之外，还有红茶、白茶和黄茶。对于饮茶的人而言，茶馆是一个可以消磨时间的好去处，就像西方的酒吧和酒馆一样，都是人们聚会的地方。

早茶

在星期天的早上，和朋友们一起吃早茶（一些用小盘盛装的精致而清淡的菜肴或粥品）或喝茶（港式茶），已经成为人们的一种习惯。一般而言，这类早茶包括虾饺、猪肉馅的馄饨、包子、烧卖、猪肉卷心菜馅的锅贴、荷叶糯米鸡、泡菜、鸭掌或鸡爪、煎蛋饺、蒸排骨、甜点（如千层酥，一种分层的点心）。人们可以根据个人喜好，从中选择。

带馅的面食

中国人非常喜欢吃带馅的面食，比如饺子和馄饨。饺子有多种烹制方法，例如煮、蒸、炸。人们通常蘸着酱油食用饺子。用蛋皮包裹馅料制成的饺子称为蛋饺。馄饨的面皮较薄，一般有肉或虾做成的馅，外形似元宝状，可以煮熟或油炸后食用。

面条

面条是深受世界各地人们喜爱的中餐之一。其中比较有代表性的面条是捞面（将小麦面条煮熟，捞出沥干后浇入酱料制成）和炒面（加入蔬菜和酱油炒制的面条）。

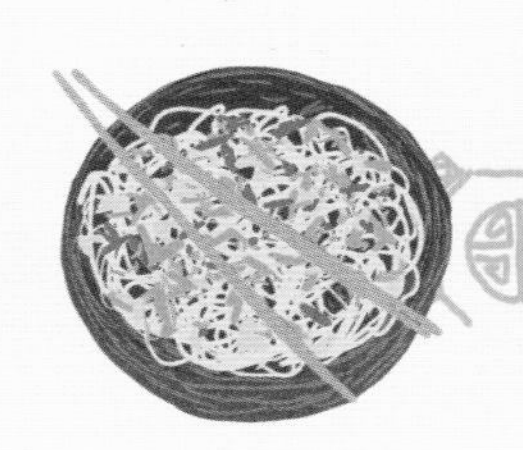

炸虾片

炸虾片是中国非常有名的小吃之一。将虾肉、木薯淀粉和水混合成圆筒状面团，蒸熟后切片晾干，然后放入油锅中炸制而成。

春卷

这是一道在国外很有名气的菜肴，来源于中国的粤菜，它可以作为开胃菜或小吃。中国南方地区的人们在春节（即中国农历新年）时食用春卷。用来炸制的春卷外皮更薄更脆，类似于法式薄饼（crêpe）。春卷可以做成甜口的（红豆沙馅的），也可以做成咸口的（肉馅和蔬菜馅的）。

炒饭

炒饭在国内外都享有盛名，它有多种口味，所用的食材也有很多种，主要以蔬菜、肉类（鸡肉或猪肉）为主。

肉类菜肴

烧味是中国粤菜中的一种烧烤食品，叉烧肉是极具代表性的烧味之一，做法是用叉子穿起长条猪肉，放在烤箱里或火炉上烤制，用糖或蜂蜜、五香粉、酱油、烧酒或米酒调味。卤味是将动物内脏汆水处理好后放入配好的卤汁中炖煮而成。狮子头是中国淮扬菜系的一道代表菜，是用猪肉、竹笋和豆腐等食材混合制成的大肉丸子。红烧肉是用生姜、大蒜、辣椒和其他香辛料，以及酱油、糖、米酒烹制而成的五花肉。

甜品

一顿饭通常以甜品作为结束，人们会食用以新鲜的水果制成的甜汤（即糖水）。其他甜品有黑芝麻糊、红豆汤圆，以及用甘薯、杏仁或核桃制作的各式点心。月饼是为中秋节制作的传统美食，是一种包入红豆沙馅或莲蓉馅的糕点，有些月饼里还会包有整颗的咸蛋黄。

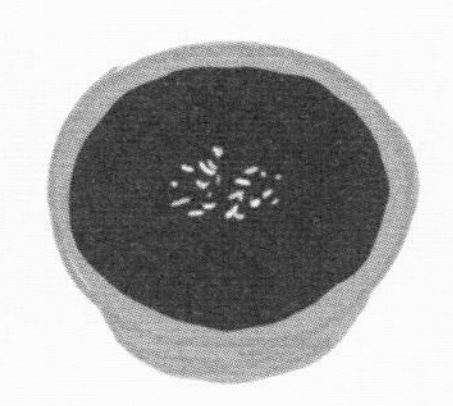

四川泡菜和四川火锅

泡菜源于四川省，是将芥菜放入坛子里，加入辣椒一起发酵腌制而成的，可用来给其他菜肴调味。四川省另一道招牌菜被称为火锅，具有浓烈的味道。在桌子中央的一口大锅中，烧有滚烫的汤底（已经加入火锅底料），每位用餐者可以选择自己喜欢的食物投入锅中煮制，如肉类、蘑菇、蔬菜、鸡蛋、海鲜、馄饨等。另外，每位用餐者的面前都会有一个较小的容器，里面装有调好的酱料，人们可以将煮熟的食物蘸取酱料后再放入口中，所有煮熟的食物都可以搭配酱料食用。

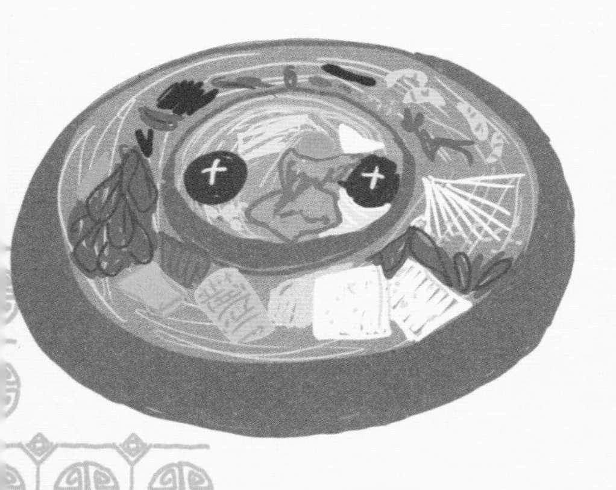

日本

日本的美食与亚洲其他国家的美食有很大的不同，但也受到邻国，尤其是中国饮食文化的影响。

日本饮食没有太大的地域性差异，因此菜肴的表现形式以及风格在各地区都保持一致。用来烹饪的食材多为应季的食材，香辛料的使用非常有限，以便于充分展现每种食材本身的风味。

早餐、小吃有什么？

人们在早上可以选择传统早餐或西式早餐。传统早餐与午餐类似，除了米饭（有时加入一个打好的生鸡蛋）之外，还有味噌汤（zuppa di miso）、豆腐、火腿、生鱼片或熏鱼、渍物（tsukemono）、玉子烧（tamagoyaki，一种日式煎蛋卷，用一种特殊的长方形平底锅烹制而成）。西式早餐包括牛奶、咖啡、热巧克力、果汁、麦片、配黄油和果酱的烤吐司、鸡蛋。

章鱼烧（takoyaki）是一种小吃，这是一种裹着面包屑的章鱼丸，被置于特制的锅中烤制，这种锅中有许多小的半球形凹陷，可以容纳多个章鱼丸同时烤制。其他小吃还有肉包子（nikuman），里面包有牛肉馅。做法简单的日式煮毛豆（edamame），撒上一点盐，也可以作为小吃食用。

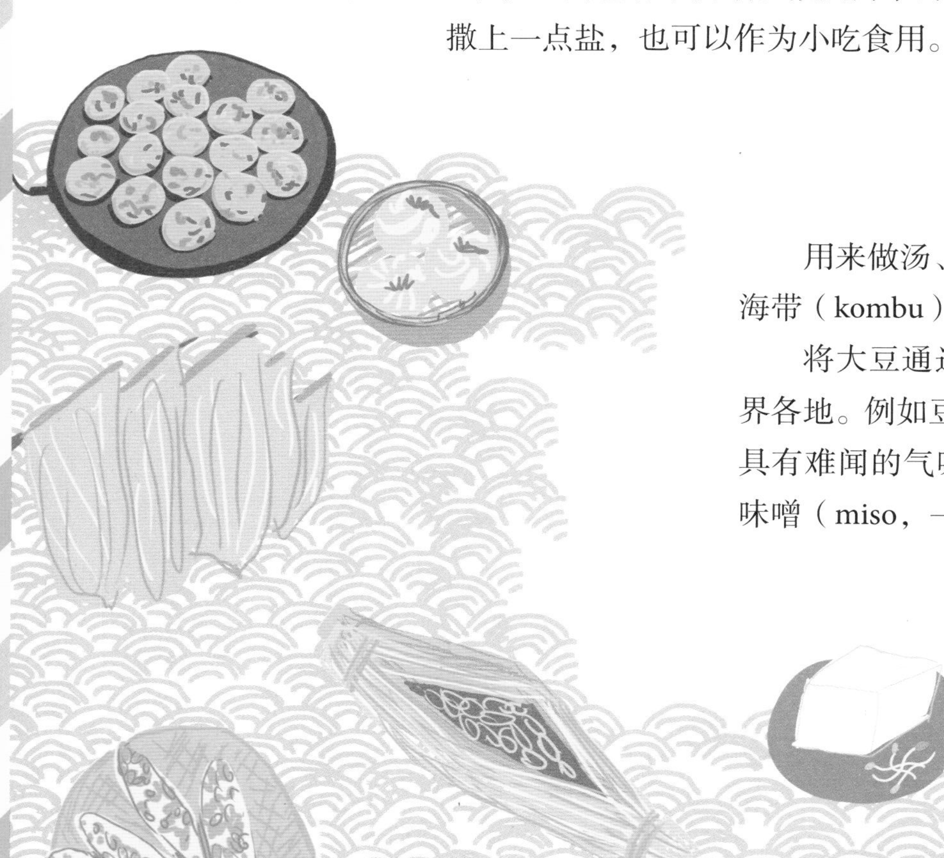

常备食材有哪些？

用来做汤、沙拉和包制寿司（sushi）的海藻类食材中，常见的有紫菜（nori）、海带（kombu）、裙带菜（wakame），除此之外，还会用到许多其他的海藻。

将大豆通过不同的加工方式得到的各式各样的豆制品，现在已经遍布世界各地。例如豆腐（质地细腻的块状豆制品）、豆腐皮（yuba）、纳豆（natto，具有难闻的气味和黏稠的质地）、丹贝（一种块状的黄豆发酵食品），还有味噌（miso，一种调味品，可以加入肉汤、酱汁、面食中调味）。

午餐、晚餐吃什么？

待在家里的人午餐一般吃快餐。上学或工作的人，一般都随身携带着便当饭盒，饭盒里盛装的食物被分开排列，例如白米饭、鱼或肉、腌渍蔬菜或烹制的蔬菜。购买即食快餐作为午餐的现象也很常见。在街上，人们吃一种用大米和鱼肉制成的三角形饭团（onigiri），外面包裹着海苔，里面通常加有酸梅子。

晚餐可以在餐厅、酒吧、街头小饭馆吃，也可在家中与家人一起进餐。菜单通常包括米饭、汤和三种配菜，配菜可以是生的或腌制的，也可以用蒸、烤、烧、煮、炸等不同方式烹饪。菜肴不是按上菜顺序分类，而是按烹饪方式分类，菜肴的名称明确地体现了这一点。名称以烧（yaki）开头的菜肴是在烤架上烤熟的；生鱼片（sashimi）是生食料理。

此外，各个饭店擅长烹制的菜肴如下：寿司屋（sushi-ya）擅长以大米和鱼为原料制作寿司，吃寿司时总是搭配着绿茶；日式荞麦面馆（soba-ya）擅长做荞麦面；日式拉面馆（ramen-ya）擅长做汤面；日式饭团餐馆（onigiri-ya）擅长制作手工鱼丸。

人们就餐时需要使用筷子，因为食材大多是以切块或切片的方式做成菜肴的。喝汤时不用勺子，直接端着汤碗来喝。而且在就餐期间，嘴里可以发出吮吸声、吞咽声或者咕噜声，以表示自己对美味菜肴的喜爱之情。

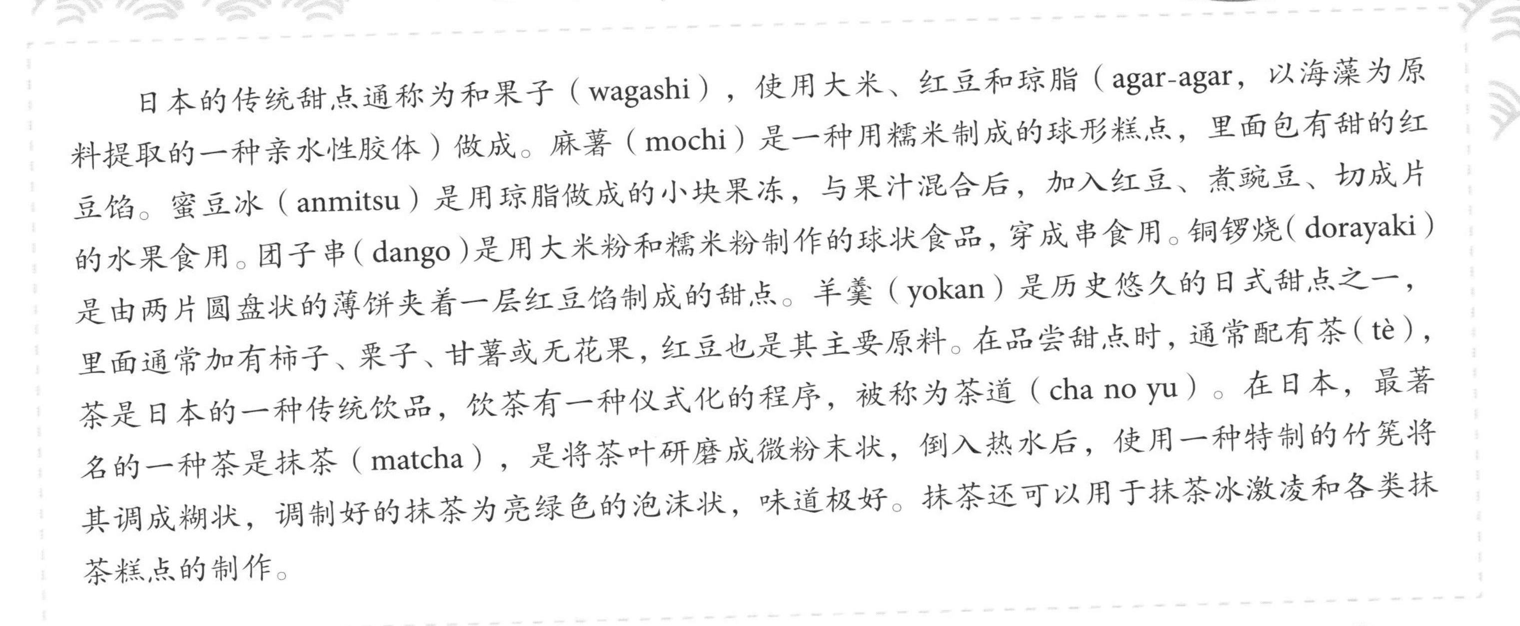

日本的传统甜点通称为和果子（wagashi），使用大米、红豆和琼脂（agar-agar，以海藻为原料提取的一种亲水性胶体）做成。麻薯（mochi）是一种用糯米制成的球形糕点，里面包有甜的红豆馅。蜜豆冰（anmitsu）是用琼脂做成的小块果冻，与果汁混合后，加入红豆、煮豌豆、切成片的水果食用。团子串（dango）是用大米粉和糯米粉制作的球状食品，穿成串食用。铜锣烧（dorayaki）是由两片圆盘状的薄饼夹着一层红豆馅制成的甜点。羊羹（yokan）是历史悠久的日式甜点之一，里面通常加有柿子、栗子、甘薯或无花果，红豆也是其主要原料。在品尝甜点时，通常配有茶（tè），茶是日本的一种传统饮品，饮茶有一种仪式化的程序，被称为茶道（cha no yu）。在日本，最著名的一种茶是抹茶（matcha），是将茶叶研磨成微粉末状，倒入热水后，使用一种特制的竹筅将其调成糊状，调制好的抹茶为亮绿色的泡沫状，味道极好。抹茶还可以用于抹茶冰激凌和各类抹茶糕点的制作。

丼饭（donburi）

这是一道家常菜肴，制作方法简便，种类丰富，根据食材不同有许多种组合的方式，将肉、海鲜或蔬菜烹制好后放在碗中的白米饭上，打入一个生鸡蛋一起食用。丼饭中最出名的是牛丼饭（gyudon），加在米饭上的菜是用牛肉和洋葱烹制而成的。

日式烧肉（yakiniku）

将肉片和蔬菜放在餐桌中间的一个特制的烤炉上烤制而成。

蛋包饭（omurice）

是将鸡肉炒饭包入煎蛋卷中，通常用番茄酱来装饰（也可以用番茄酱写出漂亮的文字）。这道菜和炸鸡块一样深受孩子们喜爱。炸鸡块是将鸡肉用酱油和生姜腌制后裹上面包屑，然后油炸而成。

烤鸡肉串（yakitori）

使用鸡肉或鸡身上的某一部位烤制的肉串，蘸着用酱油、糖、料酒制成的酱汁食用。

神户牛排
（bistecca di manzo di kobe）

日本神户牛以其细嫩的肉质而闻名世界，这归功于神户牛在饲养期间的特殊饮食，以及用自动化机械按摩设备为其按摩。这样复杂的饲养方式形成了神户牛非常细腻的肉质，这就是为什么用这种肉制作的神户牛排价格非常昂贵的原因。

关东煮（oden）

以肉、蛋、蔬菜、豆腐或者鱼糜类制品（surimi）为食材制作的一道适合在冬季食用的菜肴，食材需要长时间在日式高汤（dashi）中炖煮，最后加入酱油调味。食材煮好后，可以蘸芥末酱（karashi，一种辛辣的日本芥末酱）食用。

日本锅料理（nabemono）

一道日本的特色菜肴，人们经常在餐馆内食用。在桌子中间放置一个锅，用餐者可以在锅中放入生的食材（肉、海鲜、蔬菜等），煮熟后蘸着酱料食用。

极富特色的地域美食

寿司（sushi）

以米饭（使用短粒大米，严格按照精确的程序清洗并蒸熟，然后加入米醋、盐、糖调味）、生鱼、海苔、其他蔬菜水果（如萝卜、牛油果、黄瓜、大豆、梅子）、煎鸡蛋或煎鹌鹑蛋为主料制作的一种组合食物。可以将各类生的、煮熟的或腌制的食材放在一小团米饭上，或卷成一条紫菜卷，或包入豆腐卷中。每一种寿司的形状、馅料、调料和装饰物都各不相同。

卷成卷状的寿司称为卷寿司（maki），需要手工塑形的寿司称为握寿司（nigiri）。将寿司蘸取寿司酱油（soyu）后食用，寿司酱油里面往往放有少许山葵酱（wasabi，以山葵制成的一种绿色糊状调味品）。

生鱼片（sashimi）

将生的鱼虾或其他海鲜切成薄片后，搭配酱油、米饭或味噌汤一起食用。

荞麦面和乌冬面（soba 和 udon）

荞麦面和乌冬面搭配的汤底是一种加入了柴鱼片和海带的日式高汤，最常见的是清汤（suimono）和味噌鱼汤（misodashi）。以荞麦面制作的汤面夏天为冷食，冬天为热食，还可以作为一种快餐，即使在车站的自动售货机上也可以买到。乌冬面也是一种汤面，不过，它是使用面粉制作的。同样受欢迎的面还有日式炒面（yakisoba），这是一种在不粘锅或铁板上炒制的小麦面条，这种炒面甚至可以在野餐时食用，用便携式炉子炒制。

拉面（ramen）

将面粉制作的面条煮熟后放入汤底中，汤底是以鸡肉、猪肉或鱼为主料，加入海带、香菇、洋葱、味噌粉或酱油制作而成的，汤中的其他食材可根据厨师的创意添加。拉面有时会搭配煎制或蒸制的日式饺子（gyoza，用猪肉、卷心菜、韭菜和生姜做成的馅）作为配菜食用。

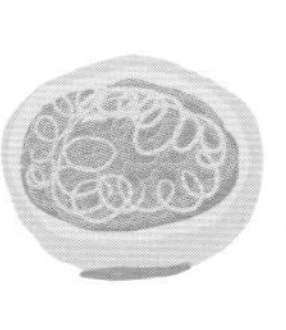

天妇罗（tempura）

一种口感酥脆的油炸食品，通常用墨鱼、鲈鱼、虾、蔬菜等食材做成，搭配天妇罗蘸酱（tentsuyu，用高汤、酱油、磨碎的白萝卜制成）食用。

咖喱饭（kare raisu）

咖喱饭是十九世纪中期通过英国人传入日本的，由于非常受欢迎，因此被视为一道大众菜品。

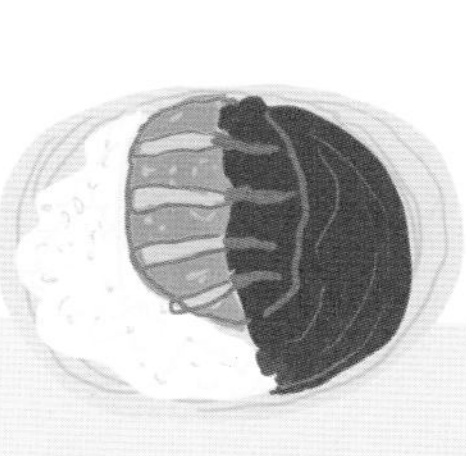

美食趣多多

河豚是一种鱼，当它感觉危险时就会膨胀成球状，其皮肤表面到处都是根根竖起的刺。它的腺体中含有能够致人死亡的毒素，因此只有经验十分丰富的厨师才能在去除河豚身上的这种腺体后，将其烹制成一道可食用的菜肴。尽管河豚价格昂贵且有一定的致命风险，还是有很多人甘愿冒险品尝它。

澳大利亚

澳大利亚是世界上唯一一个国土覆盖了整个大陆的国家。澳大利亚不同地区的气候差异巨大，尽管其境内大部分土地都是沙漠，但是在海岸线附近的农作物产区中，一年四季都出产新鲜的农产品。澳大利亚境内的生物是非常奇特的，这里拥有世界上其他地方都见不到的动植物。

一日三餐和小吃有什么？

澳大利亚有着非常悠久的咖啡文化，源于十九世纪初意大利和希腊的移民。白咖啡（flat white）是澳大利亚人非常引以为豪的一种咖啡，奶味口感重于卡布奇诺咖啡。澳大利亚具有发达的奶制品加工业，因此澳大利亚人的早餐中牛奶是不可或缺的，另外还有酸奶、黄油、奶酪等奶制品。

从早餐到晚餐，人们都可以享用营养丰富的牛油果。将牛油果切片，搭配番茄、奶酪或炒鸡蛋食用，或将牛油果捣成泥，放在全麦吐司上，挤上柠檬汁食用。维吉米特黑酱（vegemite），是一种从啤酒酵母中提取并加工成的一种酱料，呈咸味，可以涂在面包上，也可用作肉类和其他菜肴的调味品。

肉馅派（meat pie，一种包裹着馅料的派，里面有肉末、酱料、奶酪及蘑菇、番茄等蔬菜）是一种常见的小吃，也可与豌豆汤搭配在一起作为午餐食用。另外一种流行的小吃是牛肉杂菜卷（chiko roll），是一种油炸面卷，里面有卷心菜、大麦、胡萝卜、青豆、芹菜、洋葱和牛肉，在路边的摊位上也可以买到。香肠杂菜卷（sausage roll）与牛肉杂菜卷类似，只是里面的牛肉换成了香肠。

孩子们喜欢的小吃是奶酪培根卷（cheese and bacon roll，一种加有奶酪和熏培根的面包卷）和仙女面包（fairy bread，上面撒有五颜六色糖珠的黄油面包片）。

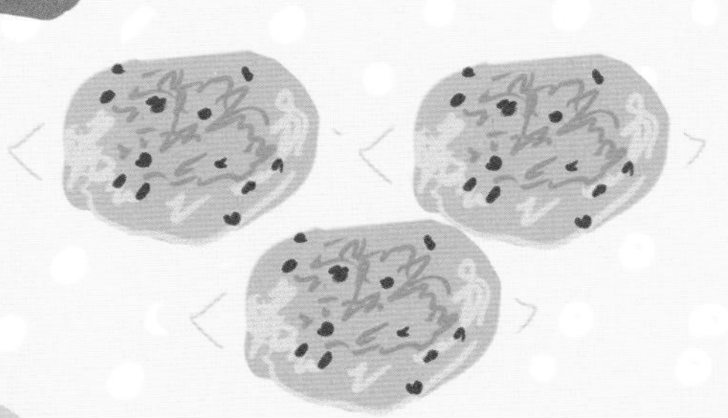

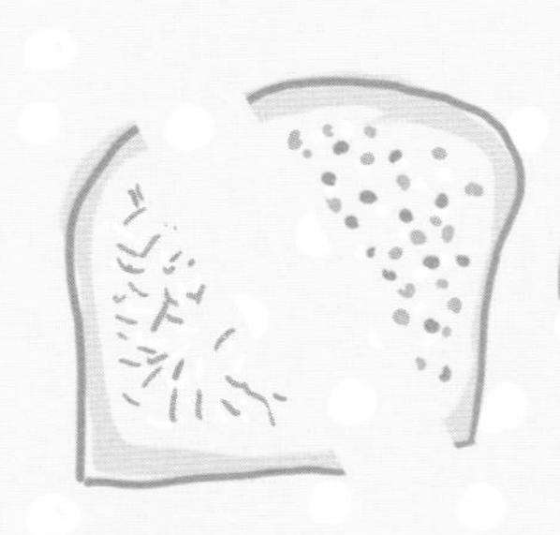

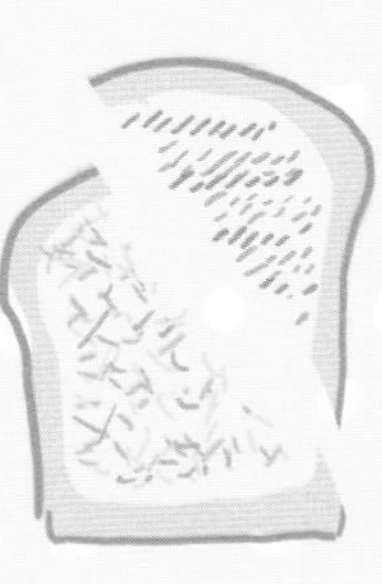

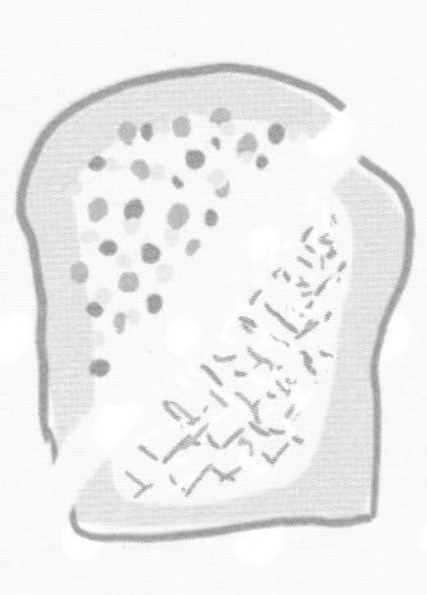

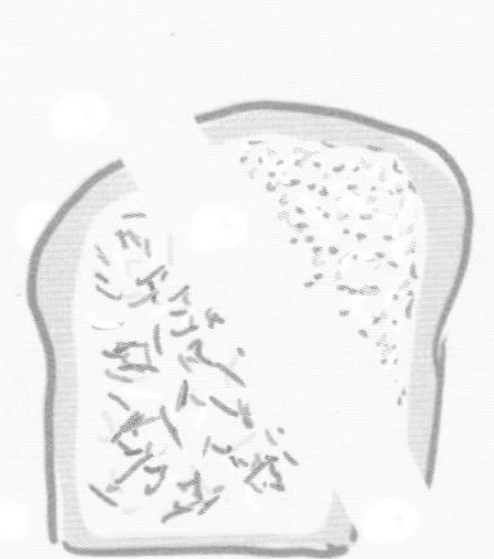

极富特色的地域美食

澳洲肺鱼（barramundi）

最受欢迎的澳大利亚鱼类菜肴之一，可以用烤或炖的方式烹制。

南瓜坚果浓汤（pumpkin and macadamia soup）

澳洲坚果（又称为夏威夷果，原产于澳大利亚，可以加入许多菜肴中）是这道汤的主角，另外还加入了南瓜、新鲜生姜、肉汤、洋葱和苹果。

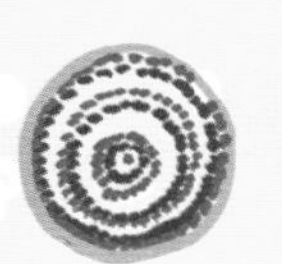

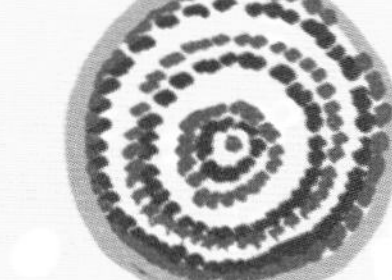

帕尔玛奶酪鸡排（chicken parmigiana）

这是一道在酒吧和餐厅里非常受人们欢迎的美式意大利菜肴，搭配薯条和沙拉一起食用。这道菜肴是用鸡胸肉烤制而成的，上面涂有番茄酱，撒有马苏里拉奶酪、磨碎的帕尔玛奶酪或普罗卧奶酪。

椒盐鱿鱼（salt and pepper squid）

裹上面糊炸制的鱿鱼，大量使用胡椒和盐调味，这种口味受到中国菜的影响。

澳大利亚人非常喜欢在户外烤肉：既是一种欢乐的烹饪形式，也是一场与邻里好友的聚会，以至于许多公园和公共绿地中都配备了户外烧烤设备。和朋友们一起来一场露天烧烤，或者来一场周日烧烤，大家共同享用香肠、汉堡、肉丸、牛排、羔羊肉，还有袋鼠肉，或者更为罕见的鳄鱼肉和鸸鹋肉。

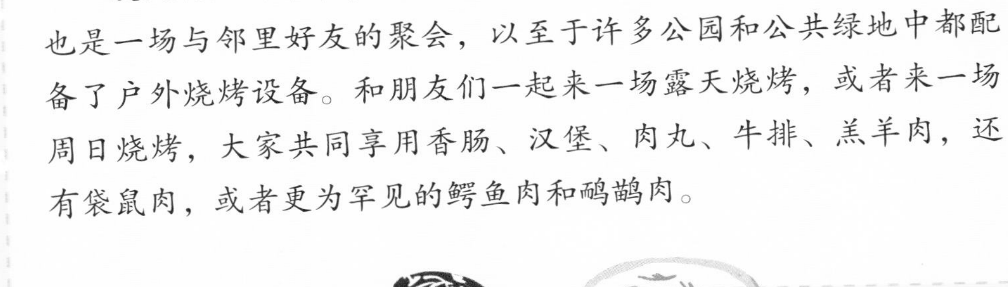

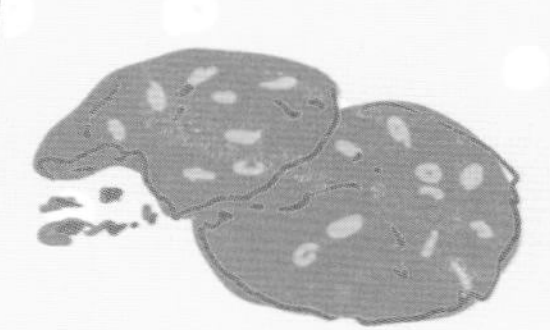

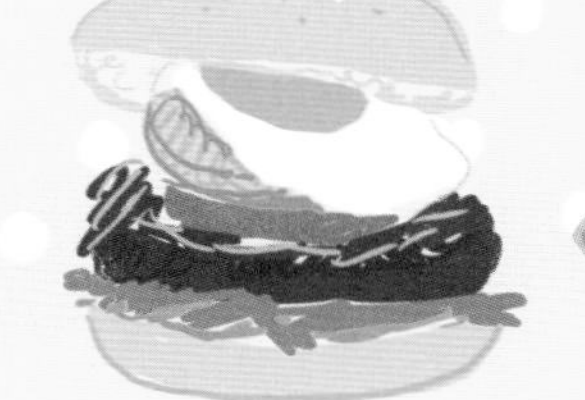

甜点

在澳大利亚的甜点中有一道美味柠檬布丁（lemon delicious pudding），它具有海绵状的质地，并用煮制的糖浆调味。

还有一道甜点是用西米（sago）制成的，西米是从棕榈树中提取的淀粉加工而成。煮熟后的西米是珍珠凝胶状，与椰奶、棕榈糖、香草混合后，加入杧果和烤椰子片一起食用。

拉明顿蛋糕（lamington）是澳大利亚具有代表性的甜点之一。这是一种以海绵蛋糕坯做成的方块小蛋糕，表面涂有巧克力酱，并裹上椰蓉。

澳大利亚非常著名的安扎克饼干（anzac，这个名称来自澳大利亚和新西兰军团的英文首字母），源于第一次世界大战期间，当时是用来补给澳大利亚和新西兰士兵的军备食物。这种饼干是用燕麦、椰子、面粉、黄油、小苏打和糖浆制成的，由于不含鸡蛋，可以被长期保存。

多馅汉堡（burger with the lot）

面包中夹入洋葱、煎蛋、培根、奶酪、番茄酱和烤肉酱制成的汉堡，是非常流行的小吃或快餐之一，澳大利亚多馅汉堡与众不同之处是加入了甜菜根酱和菠萝片。

美食趣多多

蜜桃梅尔巴（pesca melba）这道甜点是奥古斯特·埃斯科菲耶（Auguste Escoffier，法国最著名的厨师之一）为纪念自己非常欣赏的澳大利亚歌剧演唱家内利·梅尔巴（Nellie Melba）而发明的。在一层香草冰激凌上，放入半个糖浆煮制的桃子，浇上覆盆子酱、鲜奶油，用杏仁片和焦糖丝点缀。这是一件多么令人赞叹的艺术品！

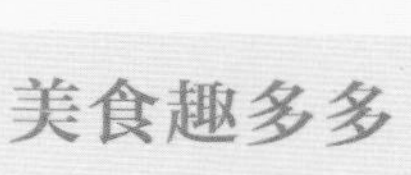

新西兰

新西兰是一个大型的岛屿，经济以农业为主，出产地方性特产和季节性农产品。新西兰的饮食与近邻澳大利亚的饮食相似，并受到了英国传统饮食和当地毛利人饮食的影响。毛利人是新西兰的原住民，相传他们的祖先在很久以前就从波利尼西亚来到了新西兰。

早餐吃什么？

在平时，新西兰人从烤面包搭配咖啡、茶、果汁或牛奶开始新的一天。孩子们吃的是谷物饼干（用 Weet-Bix 牌麦片制成，这种麦片是一种在当地非常受欢迎的食品）。在周末，新西兰人会享用一道需要较长的时间烹制的丰盛早餐：如炒鸡蛋、熏肉、煎番茄和蘑菇，搭配马铃薯煎饼；或是煎培根、焦糖香蕉煎饼，搭配炖豆。马麦酱（marmite，一种通过啤酒酵母浓缩和发酵工艺获得的、可以涂抹的酱料，非常咸）是不能缺少的，这种酱料与澳大利亚的维吉米特黑酱非常相似，也可以涂在面包上或者用来给菜肴调味。这种调味品深受人们的喜爱，被认为是当地的特色食品。

午餐、晚餐吃什么？

新西兰人的午餐是一顿简单的快餐，通常是三明治或者卷饼（torte）。此外，派（pie，通常是带有肉馅的咸味馅饼，可以搭配奶酪食用）也是最常见的食物之一，在很多地方均有出售，也可以在家中自制。另一种比较常见的派是以洋葱、蘑菇、鸡蛋、培根或当地的红薯（kūmara）为馅料制成，配菜通常是南瓜泥或马铃薯泥。还有一种常见的派是培根鸡蛋派（bacon and egg pie），里面有烟熏培根和全蛋，还可以加入洋葱、番茄、奶酪和豌豆。周日的午餐包括烤牛肉、烤马铃薯和烤南瓜，都可以放入烤箱中烹制完成。

晚餐是新西兰人一天当中最重要的一餐，人们往往从 18 时开始用餐。晚餐主要以现成的汤和酱汁为主，新西兰人也经常会选择外卖食品，例如比萨饼、中式菜肴，或非常受欢迎的、便宜实惠的炸鱼和薯条（fish and chips，尽管这是一道来自英国的菜肴，但仍被新西兰人视为本国的特色菜）。

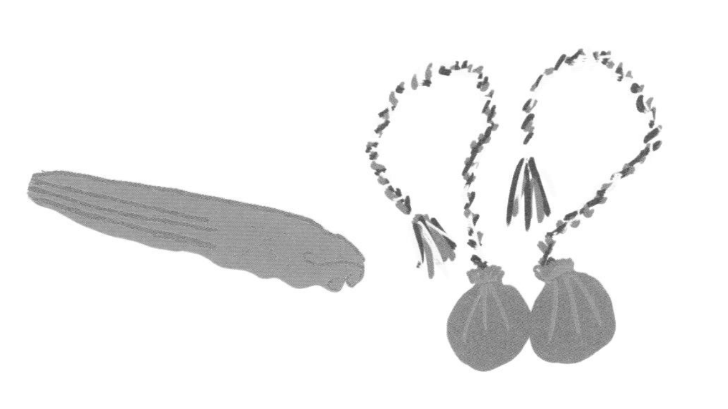

极富特色的地域美食

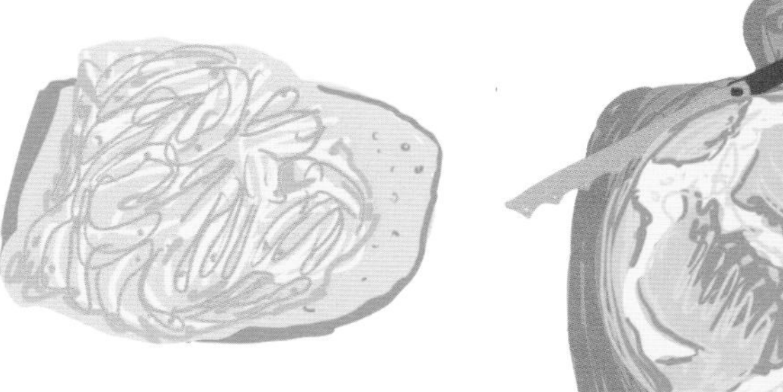

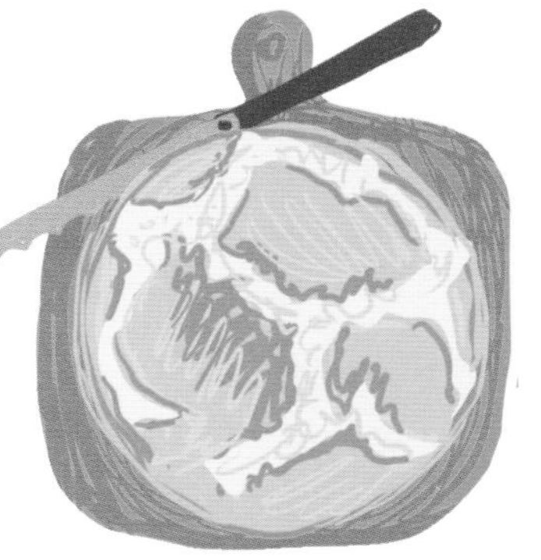

银鱼（whitebait）

在新西兰，银鱼产量非常少且价格昂贵（为了保护银鱼的种群数量，“休渔期”禁止捕捞幼鱼，因此一年中能够捕鱼的时间受到了限制），但是这种鱼非常受新西兰人的青睐。银鱼可以和鸡蛋一起做成银鱼煎蛋饼。

毛利大餐（hāngi）

毛利人使用波利尼西亚人特有的烹饪方法制作这道菜，现在通常只为游客进行表演：先在火中将石头烧热，放入地下挖的坑中。然后用树叶、湿布等将食物包裹起来，放入坑里，最后用泥土盖住进行烘烤。通过这种方式，被封存在坑里的热量和蒸汽会将食物慢慢地烤熟。

炖猪肉（carni di maiale）

在毛利人的饮食中，带骨头的猪肉一般与马铃薯、菠菜、红薯一起炖煮后食用，可以搭配蒸马铃薯团子（doughboys），或者与毛利发酵马铃薯面包（rēwena）一起食用。比如猪肉炖苦苣（pork and puha），是加入苦苣（puha，某种类似蒲公英的植物）做成的炖猪肉汤。

甜点

甜点在新西兰（当然不仅仅是在新西兰！）是非常受欢迎的。其中最常见的是用巧克力制作的巧克力鱼和新西兰传统蛋糕（lolly cake，使用碎麦芽饼干、黄油、炼乳和软糖制成，做成圆柱形状，上面撒有椰子片，可以放于冰箱冷藏室中保存，需要食用时切成片即可）。帕夫洛娃蛋糕是新西兰的国宝级甜点，出现于二十世纪初，当时是为了庆祝俄罗斯舞蹈家安娜·帕夫洛娃巡回演出而制作的。其外面是酥脆的蛋白外壳，内部是柔软的夹心，里面有鲜奶油、软糖和浆果。备受欢迎的甜点除了司康和玛芬蛋糕之外，还有阿富汗饼干（afghan biscuit，用面粉、黄油、糖、玉米片和可可粉制成，上面覆盖着巧克力糖霜，并放上半个核桃装饰）。拉明顿蛋糕是一种覆盖着一层巧克力酱或覆盆子酱，并裹有椰蓉的海绵蛋糕，新西兰与澳大利亚都认为它是自己国家的甜点，并为此争论不休。

美食趣多多

几维鸟（kiwi）是新西兰的国鸟，这是一种非常奇异的动物，其翅膀非常短小，以至于无法飞行。kiwi 经常被用来指代新西兰人。另外，kiwi 还指我们所熟知的水果——猕猴桃，它是一种胖胖的浆果，具有酸甜柔软的绿色或黄色果肉，是新西兰的特产，虽然它来自中国，但是在新西兰也找到了一个理想的栖身之地。

世界各地的谷物制品

上千年来，谷物制品一直是世界上众多国家和地区人们的主要食物之一。虽然谷物制品十分常见，但不同的谷物制品呈现出不同的形状、质地和口味，这取决于制作时使用了哪种谷物、是否发酵、发酵的时间长短，以及加工过程和烹制方法。我们今天所熟知的面包等谷物制品，出现的时间相对较晚，这是因为人们从了解发酵到学会如何控制发酵的这个过程并不容易，还因为在精制面粉出现之前，人们做的“面包”吃起来味道欠佳且不容易消化。下面，让我们试着按主要特征对世界各地的谷物制品进行归类，进行一次关于谷物制品的探索之旅。

没有经过发酵的薄片状谷物制品

- 亚洲的米粉皮
- 犹太饮食中的无酵干饼（matzah）
- 撒丁岛的多层脆皮面包（carasau）
- 马格里布地区和中东的酥皮饼（warqa，非常薄，也用作包裹其他食材的面皮）

单层的扁平状谷物制品

- 印度的阿帕姆煎饼和碗形煎饼
- 俄罗斯的布林尼饼
- 印度次大陆的恰巴提薄饼、罗迪烙饼、帕拉塔抛饼、馕
- 英国的荞麦面加里特饼（galette）
- 埃塞俄比亚和厄立特里亚的英吉拉薄饼，索马里的可丽饼
- 摩洛哥的方形煎饼
- 意大利的薄煎饼（piadina）
- 中美洲、南美洲的玉米薄饼
- 土耳其的尤卡夫薄饼，遍布整个中东地区的拉瓦什馕

双层的扁平状谷物制品

这类谷物制品的特点是：面团在烤箱中因为高温的作用膨胀并分成两层。

- 埃及的艾什巴拉迪饼（aish baladi）
- 遍布希腊和中东地区的皮塔饼

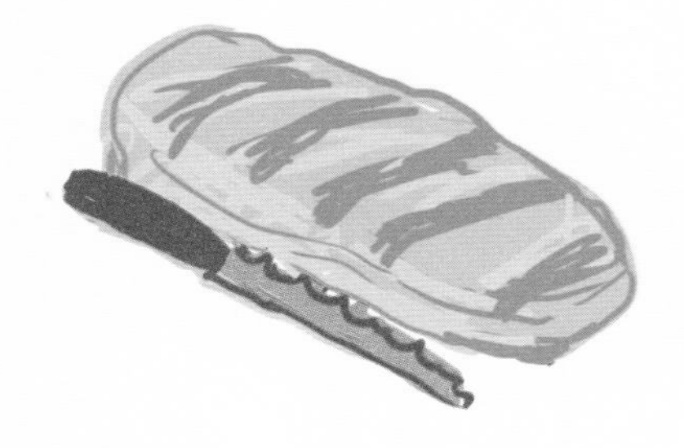

表皮酥脆的欧式面包

这类面包通常以小麦或黑麦为主料，与大多数欧式面包一样，是直接在烤箱中烤制的。

- 法国的法式长棍面包
- 意大利的恰巴塔面包（ciabatta）、阿尔塔穆拉面包、西西里面包
- 斯堪的纳维亚的林巴面包（limpa）
- 爱尔兰的苏打面包（soda bread）
- 旧金山的酸面包（sourdough）

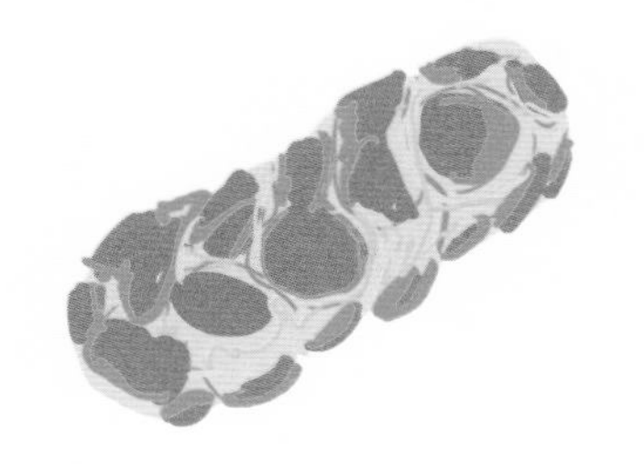

在模具中烤制的软面包

这类面包富含脂肪和糖，在开放式模具中制成。

· 美国的安娜德玛面包（anadama）
· 犹太人传统饮食中的面包卷和哈拉面包
· 瑞士的辫子面包（butterzopf）
· 法国的布里欧修奶油面包（pan brioche）
· 加勒比岛屿和拉丁美洲的椰子面包（pan de coco）
· 英国的白面包（split tin）、小圆面包（bun）、英式松饼、松脆饼（crumpet）

粗粮面包

· 瑞典的黑面包（kavring）
· 德国的粗制裸麦黑面包、纯黑麦面包（Roggenvollkornbrot）
· 冰岛的黑麦面包（rúgbrauð），丹麦的黑麦面包

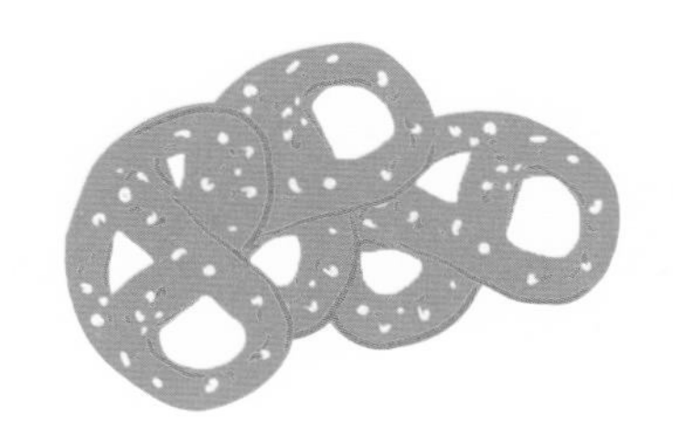

用沸水或碱水煮过后烤制的谷物制品

这类谷物制品组织大都非常紧实和干爽。

· 美国的贝果
· 阿尔萨斯和巴伐利亚的碱水扭结面包

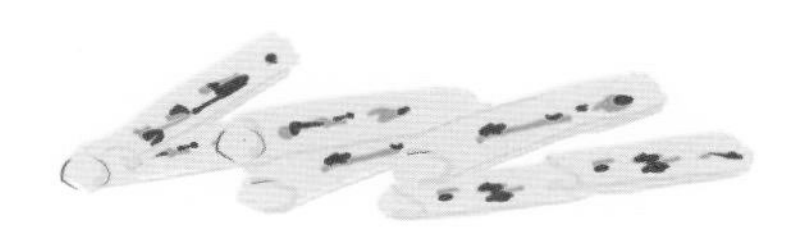

烤制的干脆面包

· 意大利烤面包片（fette biscottate）和面包棒（grissini）
· 斯堪的纳维亚的脆面包片（knäckebröd）
· 荷兰的烤干面包片（zwieback）

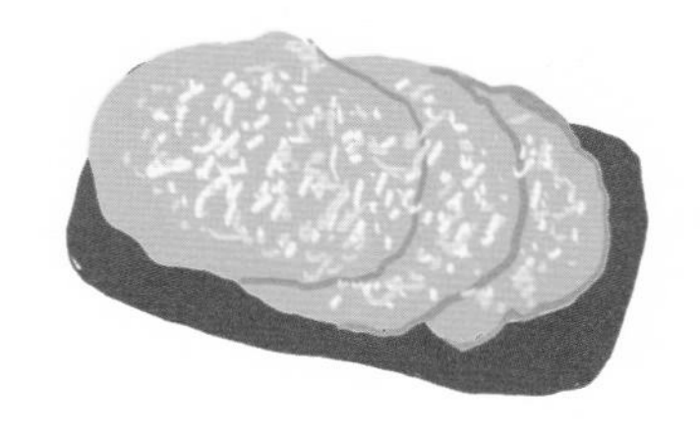

用锅蒸煮的谷物制品

这类谷物制品非常柔软或者蓬松。

· 南美洲的芭蕉粽子和玉米面粽子（bollo）
· 中国的馒头和包子

调味谷物制品或夹馅谷物制品

· 俄罗斯的白洛克夹馅面包（bierock）和库勒比亚卡夹馅面包（kulebiaka）
· 加泰罗尼亚地区的迷你比萨（croque）
· 英国和英语系国家的康尔瓦郡菜肉烘饼（cornish pasty）和派
· 西班牙和拉丁美洲的肉馅卷饼
· 普罗旺斯的尼斯比萨
· 意大利的比萨和佛卡夏面包
· 印度的咖喱角，中东的传统脆皮馅饼（sambusak）

用于节日的甜味谷物制品

非常精致的谷物制品，是糕点的祖先。

· 瑞士的梨面包（birnbrot）
· 德国、奥地利、波兰以及法国阿尔萨斯地区的咕咕霍夫面包（Gugelhupf）
· 非洲的莫娜奶油蛋卷（mouna）
· 墨西哥的亡灵节面包
· 意大利的潘妮朵尼面包

世界各地的香辛料

香辛料能为食物调味，让食物更容易消化，并能在一定程度上延缓食物变质，有助于保存食物。香辛料主要来自亚洲和前哥伦布时期的美洲。在过去的几个世纪里，东方的香辛料贸易一直具有巨大的经济价值和文化意义。今天，没有任何一个厨房少得了香辛料。作为香草类调料的替代和补充，干燥的香辛料的优点是保质期较长。不过，为了更好地激发出香辛料的味道，有时需要对其进行烘焙和研磨。

欧洲

地中海沿岸国家的菜肴中都会使用新鲜的香草，如罗勒、牛至、百里香、欧芹、鼠尾草、迷迭香、龙蒿、马郁兰、月桂叶等。至于香辛料，例如藏红花（在意大利、法国和西班牙有种植）、肉豆蔻、丁香、肉桂、辣椒等，在整个欧洲都被广泛用于烹饪中。一些香辛料还可以用来给食品和酒类调香，例如，意大利腌肉中的黑胡椒，芥末酱中的芥末籽，肉制品中的杜松子，面包和蛋糕中的罂粟子。

中东地区

土耳其菜肴中主要使用胡椒、肉桂、孜然、芝麻、藏红花。中东地区的菜肴里如果没有孜然、小豆蔻、香菜、葫芦巴、决明子、漆树粉、姜黄、生姜、孜然、胡椒、丁香和芝麻，将会失去很多特色。这一地区的每个国家也拥有自己特有的复合香辛料，例如，约旦和黎巴嫩的扎塔尔酱料、也门的祖格辣酱（zhug）。

马格里布地区（非洲西北部地区）

在摩洛哥，人们喜欢味道浓郁的香料；在阿尔及利亚，人们喜欢味道更为淡雅的香料；而在突尼斯，如果没有加入辣椒或生姜的话，菜肴就会变得味道寡淡。每个厨师都有自己的香料配方，其中常会用到小豆蔻、决明子、豆蔻衣、丁香、肉豆蔻。较为清淡的配方有拉卡马香辛料（la kama）包含黑胡椒、姜黄、生姜、肉豆蔻，而泰比尔香辛料（tabil）中则含有香菜籽、香芹籽、辣椒。切尔穆拉腌料（chermoula）中有香菜、辣椒、胡椒、藏红花。哈里萨辣酱（harissa）非常辛辣，是使用辣椒、香菜和藏红花制成的。

撒哈拉以南的非洲

辣味将许多不同的国家联系在一起。例如，刚果的比利比利辣酱（pili pili，以切碎的辣椒制成）和霹雳辣酱（piri piri，原产于葡萄牙，但在很多非洲国家都能看到，特别是在安哥拉、纳米比亚、莫桑比克和南非）。除了当地的传统香辛料之外，最为常见的香辛料有肉桂、小豆蔻、丁香、肉豆蔻、生姜。咖啡虽然不属于香辛料，但几个世纪以来，它的香气已经从埃塞俄比亚传播到世界各地。

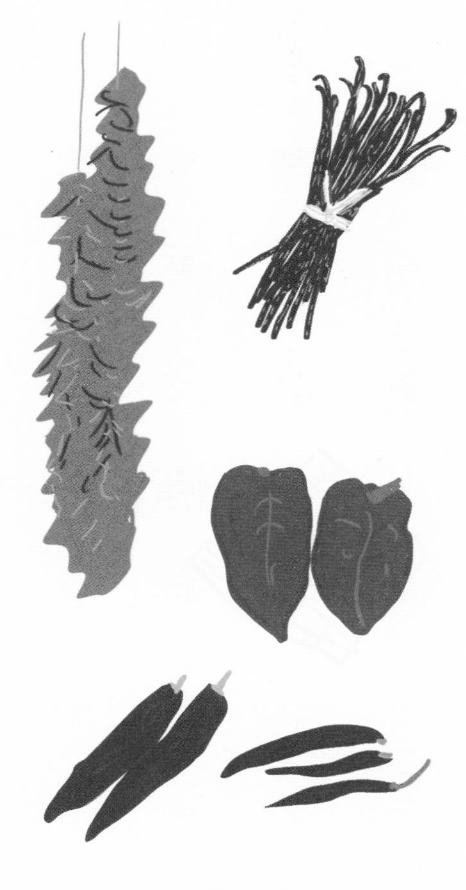

美洲

北美洲 美国的美食中使用的香辛料种类相当有限，菜肴常配有酱料，特别是番茄酱和芥末酱。不过，肉桂经常被用于制作各种甜点，而辣椒在得克萨斯州、亚利桑那州和新墨西哥州的菜肴中都很常见。路易斯安那州以克里奥尔美食而闻名，该美食将来自欧洲和非洲的风味与本地特色相融合，卡宴辣椒、红辣椒、黑胡椒等香辛料给这种富于想象力的菜肴赋予了辛辣的口味。

墨西哥和加勒比地区 在这一地区阳光明媚的厨房里，香辛料主要以辣椒、牙买加胡椒、姜黄和胭脂树红为代表。在加勒比地区，人们制作肉类和鱼类菜肴时，经常用香辛料和香草的混合物进行腌制，并加入柠檬汁进行乳化。肉豆蔻和肉桂被用于甜点中，而生姜的香气几乎贯穿于每一道菜肴。墨西哥菜肴以使用辣椒烹饪而闻名，会用到几十种辣椒，其中最著名的是波布拉诺辣椒。

南美洲 在这里，来自欧洲的风味与本地特色同样融合在一起。例如，巴西的菜肴融合了印度、非洲、葡萄牙菜肴的风味。在所有南美洲国家的菜肴中，我们都能找到各种香辛料，如胭脂红辣椒、卡宴辣椒、墨西哥红辣椒、香草、肉桂、丁香、肉豆蔻、芥末。不要忘了备受欢迎的可可和咖啡，巴西、哥伦比亚、哥斯达黎加、危地马拉这些南美洲国家都是可可和咖啡的生产国。

南亚和东亚

印度也许是大量出产并使用香辛料和香草的最具代表性的国家之一。香辛料也被用于制作玛萨拉综合调味品。在印度北方邦，人们使用小豆蔻、肉桂、生姜和肉豆蔻制作玛萨拉。而在孟加拉国，人们使用配有孜然和黑芥末的五味混合香料（panch phoran）。整个南亚次大陆常用的香辛料是藏红花、肉桂、辣椒、香菜和小豆蔻。

中国的美食多种多样，并在世界范围内传播。一般而言，香辛料不会被大量地使用。在粤菜中常见的香辛料是香菜、生姜、辣椒、丁香、芝麻。四川以拥有中国最辣的菜肴而闻名，除了辣椒外，四川菜中还使用了麻椒和花椒（一种多刺的小树的果实，可单独使用，或者与八角、丁香、桂皮一起使用）。

日本料理大量使用海藻（海带、裙带菜等）和大豆，其中有些略微辛辣的菜肴，餐桌上经常会出现山葵和七味粉。

东南亚和大洋洲

在越南，姜黄、高良姜和辣椒很受欢迎。在泰国，许多菜肴都使用了咖喱酱、香草、复合香辛料及椰奶。各种非常辣的辣椒和香菜都可以作为一些鱼露的成分。同样重要的香辛料还有生姜、丁香、八角、肉桂、小豆蔻。

马来西亚和印度尼西亚菜肴中大量使用来自印度的姜黄，另外还有辣椒、香菜、生姜、高良姜等。印尼酱油（ketjap）是鱼露的主要成分，叁巴辣酱是用醋腌制的辣椒为主要原料制成。

菲律宾人常用的香辛料有丁香、肉桂、生姜、八角、姜黄和肉豆蔻。

东南亚风味也传入了澳大利亚，那里的人们主要使用生姜和香菜。

世界各地的饮料

水是生命赖以生存的基础，水和牛奶一直是人类的主要饮品。随着社会的发展，人们开始利用身边的植物制作其他饮品。除了通过将水果或蔬菜搅打分离汁液来提取果蔬汁之外，还可以通过更复杂的制备工艺，将植物制成饮料。

植物饮料

果汁和蔬菜汁

人们通过压榨柑橘类水果（如橙子、柠檬、葡萄柚、橘子等）以及石榴、菠萝、草莓、葡萄等水分含量高的水果获得果汁，还可以从番茄、胡萝卜、芹菜、黄瓜、甜菜等蔬菜中榨取蔬菜汁。

植物块茎饮料

通过加工一些植物的块茎，人们也能够得到植物饮料，如用油莎草块茎制成的欧治塔冰饮（一种在西班牙和南美洲很流行的饮料）。这种饮料在非洲也很受人们喜欢，不过在非洲它被称为 kunnu aya。使用野生兰花的块茎可以制成兰茎粉奶茶（salep），其在土耳其和中东地区其他国家很常见。

可可类饮料

通过将可可豆烘干发酵能够获得可可脂和可可粉，它们是制作巧克力和巧克力饮品的原料。

植物奶

植物奶是将植物种子或果实粉碎并加水稀释后获得的乳状液体。能够用来制作植物奶的植物包括谷类（如大米、燕麦、大麦、小麦、小米等）、豆类（如黄豆、花生、羽扇豆、豌豆等）、坚果（如椰子、杏仁、榛子、腰果等）和其他植物（如藜麦、芝麻等）。

草本茶

通过将植物新鲜的或干燥的叶子、花、树皮、根、种子和果实浸入水或另一种液体中，可以溶解出其中的活性成分和芳香物质，通常称为草本茶，其作为药用的历史也有上千年了。马黛茶和瓜拉那茶（guarana）在南美洲非常受欢迎。

煮制的植物饮料

人们还会将植物的某个部位（特别是根、皮、种子等）放入开水中熬制获得饮品，例如南美洲的酸角汁（agua de tamarindo），就是将酸角豆在糖水中熬制而成的。

可乐

西非的可乐果富含咖啡因，可以用来制作很多饮品，它作为可口可乐和百事可乐的基本成分而名声大噪。

咖啡

咖啡是用咖啡属小乔木或灌木的种子制作的饮料。咖啡树原生长于埃塞俄比亚，但是在拉丁美洲、非洲中部和亚洲也有种植。将烘焙过的咖啡豆磨成粉末后，可以用不同的冲泡方式做成咖啡饮用。土耳其咖啡是将咖啡粉直接浸泡制成；欧式或美式咖啡则需要使用滤纸或者滤布将咖啡粉进行滤泡。意式浓缩咖啡是借助高温高压，让水冲过金属过滤器中的咖啡粉而制成的。将大麦烤干、研磨后浸泡在液体中或者加压过滤，可以获得与咖啡口味相似的饮料。还可以用菊苣、黑麦甚至橡子制作出咖啡的替代品。

茶

茶是世界上消费量最大的饮料之一，它是将干燥的茶叶放入几乎沸腾的水中浸泡得到的。茶叶有数百个品种，它们最重要的区别在于茶叶的处理工艺：经过蒸制再干燥后得到的茶叶，如绿茶；经过半发酵工艺得到的茶叶，如乌龙茶；完全发酵后得到的茶叶，如红茶。

奶类饮料

牛奶

奶是很多动物出生后最初几个月的主要营养来源。而成年人（特别是西方的成年人）会在一天中的不同时间段饮用牛奶。牛奶作为热饮，可以什么都不添加地直接饮用，也可以添加可可粉、咖啡、烘焙过的大麦调味后饮用；作为冷饮，可以添加水果或薄荷糖浆后饮用。

奶昔

牛奶和水果或冰激凌一起搅拌，可以制成奶昔；若换成酸奶，则可以制成酸奶奶昔（lassi），甜味或咸味均可，这种饮品在印度和中东地区很常见。